张辉——主编

沈洁——著

数码摄影后期技术

人民邮电出版社

北　京

图书在版编目（CIP）数据

数码摄影后期技术 / 张辉主编 ；沈洁著. -- 北京 ：
人民邮电出版社，2024.1
ISBN 978-7-115-62906-7

Ⅰ．①数… Ⅱ．①张… ②沈… Ⅲ．①图像处理软件
Ⅳ．①TP391.413

中国国家版本馆CIP数据核字（2023）第207534号

内 容 提 要

针对数码摄影后期，本书进行了综合性的讲解，主要内容包括数码摄影后期概述、数码摄影后期色彩管理、数码摄影后期软件与工作流程、Photoshop 的基本调修技巧、选区的概念及应用、蒙版的概念及应用、调色的原理及应用、照片锐化与降噪的技巧、传统打印与数字化输出、纪实摄影后期技巧、建筑摄影后期技巧、人像写真后期技巧、风光摄影后期技巧等。

本书内容全面，知识体系完整、系统，涵盖数码摄影后期基本理论与修图实战等全方位的内容，适合数码摄影后期从业者、商业摄影爱好者、对摄影后期感兴趣的摄影爱好者阅读和参考，也适合作为广大初、中级从业人员自学用书，以及相关院校摄影、数字媒体艺术、影视后期和编导专业的基础教材。

◆ 主　　编　张　辉
　　著　　　　沈　洁
　　责任编辑　张　贞
　　责任印制　陈　犇
◆ 人民邮电出版社出版发行　　北京市丰台区成寿寺路 11 号
　　邮编　100164　　电子邮件　315@ptpress.com.cn
　　网址　https://www.ptpress.com.cn
　　北京尚唐印刷包装有限公司印刷
◆ 开本：700×1000　1/16
　　印张：13.5　　　　　　　　　　2024 年 1 月第 1 版
　　字数：321 千字　　　　　　　　2024 年 1 月北京第 1 次印刷

定价：79.00 元
读者服务热线：(010)81055296　印装质量热线：(010)81055316
反盗版热线：(010)81055315
广告经营许可证：京东市监广登字 20170147 号

随着数字影像时代的到来，摄影摄像设备的售价也不断降低，带动了用户行为模式的转变，越来越多的人开始学习数码摄影后期制作。虽然市面上也有很多帮助用户制作影像特效的应用软件，但随着大众对于数码摄影作品质量的要求不断提高，单一的后期制作软件已经不能满足媒体从业者的制作需求。数码摄影后期正在成为综合性数字技术的应用领域，所以掌握数码摄影后期技术需要在数码基础知识、后期色彩管理，以及数字化操作流程等多个方面进行学习。

本书共分为 13 章，内容概括大致分为以下几个部分。

第 1 章 ~ 第 4 章：讲解数码摄影后期的基础知识，包括后期软件界面、素材管理与基本工作流程等。

第 5 章 ~ 第 8 章：讲解数码摄影后期的选区与调色等知识点，还包括一些后期处理技巧。

第 9 章：讲解数码摄影后期输出的知识点，包括传统打印的相关知识点。

第 10 章 ~ 第 13 章：讲解不同类型照片的数码摄影后期处理技巧，并通过案例辅助讲解。

本书适合数码摄影后期从业者、商业摄影爱好者等参考阅读，也可以作为广大初、中级从业人员自学用书，以及相关院校摄影专业、数字媒体艺术、影视后期和编导专业的基础教材。

感谢编辑胡岩老师在全书的编写过程中悉心指导。本书由沈洁编写，并且为教育部人文社会科学研究项目（21YJC760063）的阶段性成果，鉴于编者水平有限，书中难免有不当之处，希望读者不吝赐教。

沈洁
2023 年 9 月于上海松江

目 录

第 1 章

数码摄影后期概述

本章我们将介绍数码摄影的发展历程、数字化的概念、照片文件格式，以及数码摄影后期的思维、观念与修片的尺度等相关内容。

1.1 从银盐到像素

数码摄影的发展

英国人李约瑟曾经说过：如果你想要充分了解并掌握一种事物，最好的办法是了解这个事物的历史和过往。

在摄影领域，通常公认的源头银版摄影术只是一个重要的节点，最核心的摄影原理其实源于公元前4世纪中国人墨翟发现的小孔成像，也就是说摄影的原理是小孔成像。

景物反射（或发射）的光线透过很小的孔时，会在墙体上成像，像比较清晰，但亮度不够，如图1-1所示。

图1-1

景物反射的光线通过稍大的孔时，也会在墙体上成像，亮度较高，但像的清晰度很低，变得非常模糊如图1-2所示。如果小孔继续增大，在墙体上所成的像就会变成一团光斑。

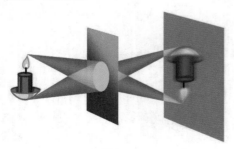

图1-2

墨翟发现的现象是光线照射到景物上会发生反射，反射的光线经过一面黑色的平板上的小孔后，会在平板后面的墙体上显示出景物的影像，并且这个影像是倒立的。起初这个发现并没有引起世人太大的关注，只是作为一种奇闻异事被记录了下来，直到公元10世纪，中国与阿拉伯世界的贸易与文化交流日渐频繁，阿拉伯人重复了这个实验，并且又发现"如果改变黑色平板上小孔的大小，后面墙体上所成的影像也会发生变化：如果增大孔的直径，影像会变得更加明亮，但成像的清晰度会有所降低；如果缩小孔的直径，影像会变得暗淡，但清晰度会变高"。这种反射光线通过小孔成像的现象在希腊语中被称为"光画的影像"，英文单词为photo-graphy，后来衍生为一个整体的单词photography，并一直沿用至今。

在公元10世纪之后约800年的时间里摄影技术的发展停滞不前，最大的进步是人们发现在小孔上加装一面凸透镜，这样可以使景物的成像更加明亮和清晰。但始终无法将所成的影像画面记录下来，留下痕迹。

直到1839年，法国画家达盖尔借助当时碘化银的感光技术，将提取的碘化银覆盖在铜板上，替代墙体作为成像的平面，景物成像的光线照射在这个铜板上时，碘化银感光，留下成像的记录（这其实就是最初的底片），然后将铜板放在化学溶液中浸泡，洗去其他杂质，使影像再现出来。于是，真正的摄影术诞生了。再后来科学家不断完善这项发明，摄影术出现了革命性的进步。

达盖尔（图1-3）制成的第一台实用的银版相机，它由两个木箱组成，把一个木箱插入另一个木箱中进行调焦，用镜头盖作为快门来控制长达30分钟的曝光时间，能拍摄出清晰的图像。使用达盖尔方法，图像就被记录在镀有碘化银的铜板上。这种方法虽然麻烦，但是具有实用价值。在达盖尔把他的方法公布于世不到两年的时间，有人就建议要稍稍加以修正：在用作感光物质的碘化银里加入溴化银。这个小小的修正有着重要的作用，大大地缩短了所需的曝光时间，使摄影术更为实用。

图 1-3

　　增大小孔孔径，并在孔所在位置加一面凸透镜，可以在墙体上成清晰、较亮的像，这就是摄影的本质，如图1-4所示。

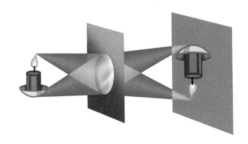

图 1-4

　　之后的岁月里，摄影术有了很多的改进：湿版法、干版法、现代式胶卷、彩色照片、电影、彼拉罗伊德摄影术和静电复印术。尽管为发明摄影术做出贡献的人众多，但是达盖尔做出的贡献远比其他人重大得多。在达盖尔之前，没有实用的照相仪器，而达盖尔发明的技术切实可行，很快就得到了广泛使用。他的发明的正式公布对于摄影术随后的发展具有巨大的推动作用。

　　摄影术产生以后，从业人员们制作了各种原始的相机，但当时的相机镜头光圈相当于f/15.0，并且不可变，感光板上的化学物质对光线的敏感程度很低，所以曝光时间很长，根据光线明暗的不同，一般的曝光时间为几分钟到几十分钟，在当时，摄影可以说是一件非常痛苦的事情，如图1-5所示。

图 1-5

　　19世纪80年代，专门研究并生产摄影器材的柯达公司制造出世界上第一台非常先进的便携式相机，并使用"柯达"作为相机的商标，这种柯达相机的镜头光圈为f/9.0，因为感光技术得到了长足进步，所以相机完成曝光通常只需要1/25s，并且只要装足底片，按住快门不放，一次可以连续拍摄100张底片。在当时，"柯达"

就是相机的代名词。

柯达相机在 1888 年推出第一部"傻瓜型"胶卷相机，名为"柯达"(Kodak)，并大获成功。图 1-6 所示为 19 世纪柯达公司生产的相机。

图 1-6

进入 20 世纪以后，市面上逐渐出现了体积小、铝合金机身的双镜头及单镜头反光相机，相机的性能逐步得到发展和完善，黑白感光胶片的感光度、分辨率和宽容度不断提高；慢慢的，彩色感光胶片开始得到推广，从而使摄影队伍迅速扩大并走向专业化。相机的质量、产量开始飞速发展，出现了成像质量高，色彩还原好，孔径大，畸变低的摄影镜头。同时，镜头向系列化方向发展。

1981 年，索尼公司推出全球第一台不用感光胶片的电子相机，分辨率仅为 27.9 像素，首次将光信号传输改为电子信号传输，这就是当今数码相机的雏形。此后数码相机成了各大厂商关注的焦点，不断推陈出新，发展迅猛，为更多人打开了摄影的大门。相机自 1839 年由法国人发明以来，已经有近 200 年的历史。在此期间，相机从纯光学、机械架构，演变为光学、机械、电子三位一体架构，从传统的银盐胶片发展到今天的数字存储器。数码相机的出现正式标志着相机产业向数字化的跨越式发展，人们的影像生活也由此得到了彻底改变。

当前的数码单反相机，能够拍摄出像素足够高、画质非常细腻的各种画面，如图 1-7 所示。并且相机能够适应各种不同的天气和光线条件。

图 1-7

数码摄影的特点

数码摄影是指使用数码相机或其他数字设备来捕捉图像的一种摄影方式。数码摄影具有拍摄、存储、处理和分享多方面的便利性和灵活性，成为现代摄影领域中的重要发展趋势之一。

即时预览（如图 1-8 所示）：数码相机可以通过屏幕实时显示拍摄的图像，让摄影师能够及时评估拍摄效果，并及时纠正错误。

图 1-8

可重复性强：数码相机可以在存储介质上无限地复制和删除照片，使得摄影师可以不断尝试不同的拍摄技巧，并在需要时选择最满意的照片。

便于后期处理：数码照片可以通过计算机软件进行后期处理，如修图、色彩调整、剪裁等，为摄影师提供更多的创作空间和自由度。

易于分享：数码照片可以通过网络、社交媒体等渠道轻松地共享给他人，成为日常生活中交流和记录的重要媒介。

分辨率高：用数码相机拍摄的照片分辨率通常较高，可以保留更多的细节和信息，适合各种场景的应用。

存储容量大：数字存储设备的容量在不断提高，可以容纳越来越多的照片和视频，并且不需要担心胶片和曝光等问题。

图 1-9 所示为 512GB 的 SD 存储卡。

图 1-9

数码摄影的发展趋势

数码摄影已经成为现代摄影的主流，随着数字技术的不断发展和应用，数码摄影的未来发展趋势也呈现出以下几个特点。

高画质与高像素：数码相机的像素、动态范围、对比度等参数将会继续提升，可以捕捉更加真实、精细的图像。

智能化：引入智能算法和人工智能技术将使得数码相机更具自动化、智能化。例如，自动识别场景和主体，自动识别曝光和对焦。

更小、更轻、更方便携带：随着电子元器件的小型化以及更轻量材料的应用，数码相机将逐渐变得更小、更轻、更便于携带。

视频化：随着移动互联网时代的到来，视频内容的需求不断增加，因此数码相机的录像功能将会变得更加强大、易用。

无线传输：近年来无线传输技术（例如 Wi-Fi、蓝牙等）在数码相机上的应用越来越广泛，这将给拍摄和分享带来更多的便利。图 1-10 所示为数码相机的无线传输及控制示意。

图 1-10

VR/AR 应用： 虚拟现实和增强现实技术将进一步渗透到摄影领域，使得用户可以更加生动地体验图像和视频内容。

环保化： 未来数码相机在生产制造和回收利用方面也将更注重环保，采用更为节能、低碳、可降解的材料，并实现高效率的资源循环利用。

1.2　数字化的概念

图像传感器的工作原理

图像传感器是一种特殊的光敏硅芯片。目前主要有两种类型：电荷耦合器件 (CCD) 和互补金属氧化物半导体 (CMOS)。在传感器的表面有着一层电极网格，电极网格中的每一个电极对应一个像素。

在按下快门之前，相机会给图像传感器的表面充电。由于光电效应，当光线照射到元器件的感光部位时，该部位的金属会释放出一些电子。在曝光后，相机只需要测量每个位置的电压就可以确定有多少电子，从而确定有多少光照射到这个特定的位置。然后通过模数转换器将测量值转换成数字信号。

大多数的相机使用 12 位或 14 位模数转换器，这就使从每个照片位置产生的电荷被转换成一个 12 位或 14 位的数字。在 12 位模数转换器的情况下，这将产生一个介于 0 和 4096 的数字；使用 14 位模数转换器，将得到一个介于 0 和 16384 的数字。但是，具有更高位深的模数转换器并不能给感光元件一个更大的动态范围。它所代表的最亮和最暗的颜色保持不变，但额外的位深确实意味着相机将在该动态范围内产生更精细的层次。最终图像中使用多少位取决于保存图像的格式。

CCD 是由相机读取单个照相点电荷的方式派生出来的。在 CCD 曝光后，第一行照相点上的电荷被转移到一个移位寄存器，在那里它们被放大，然后发送到一个模数转换器。每一行电荷都与下一行电荷电耦合，因此，在一行被读取和删除后，所有其他行向下移动，以填补现在的空白。CMOS（如图 1-11 所示）与 CCD 的作用相同。拍照时，照在图像传感器上的光被采样，转换成电信号。在图像传感器曝光后，这些电信号被放大器放大，然后发送到一个模数转换器，模数转换器将电信号转换成数字信号。这些数字信号随后被发送到机载计算机进行处理。一旦机载计算机计算出最终图像，新的图像数据就存储在记忆卡上，如图 1-12 所示。

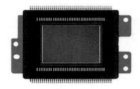

图 1-11

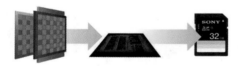

图 1-12

图像传感器通过测量照射到该传感器上的光线量来创建图像，但这些图像还是灰度图像，为了能够拍摄彩色图像，就在图像传感器上采用一种 RGB 滤波，滤波上每个照相点都有红、绿、蓝三色滤镜，滤镜通过阵列的方式进行排列。

目前，市面上大部分型号的数码相机使用的是 CMOS 图像传感器。与典型的 CCD 芯片相比，CMOS 芯片的生产成本要低得多，CMOS 芯片消耗的能量要少得多，减少了过热问题，因此也延长了相机电池的使用时间与寿命。CMOS 技术还提供了将更多功能集成到一个芯片上的能力，从而使制造商能够减少相机芯片的数量。例如，图像采集和处理可以在一个 CMOS 芯片上进行，进一步降低相机的价格。

图像属性（Alpha）

图像的基本属性包括分辨率、色彩空间、色彩深度、对比度、饱和度、锐度、噪点和压缩方式等，这些属性共同决定图像的质量、清晰度、色彩表现和细节等。在数码摄影后期处理中，可以通过调整和控制这些属性来达到所需的效果。

分辨率：图像的像素数量，通常以宽度和高度的像素数表示。分辨率越高，图像的细节和清晰度就越高。

色彩空间：也称色彩模型、颜色空间、颜色模型，是指图像中颜色的表示方式，常见的色彩空间有 RGB、CMYK、HSV 等。不同的色彩空间对颜色的表示和处理方式有所不同。

色彩深度：图像中每个像素的颜色信息所占的位数。常见的色彩深度有 8 位、16 位、24 位等，色彩深度决定图像能够显示的颜色数量，位深度不够的照片，如图 1-13 所示，在这种画面里天空由暗到亮的过渡区域，容易出现断层。

- 8 位色，每个像素所能显示的色彩数为 2 的 8 次方，即 256 种颜色。
- 16 位增强色，每个像素所能显示的色彩数为 2 的 16 次方，即 65536 种颜色。
- 24 位真彩色，每个像素所能显示的色彩数为 2 的 24 次方，约 1680 万种颜色。
- 32 位真彩色，即在 24 位真彩色图像的基础上再增加一个表示图像透明度信息的 Alpha 通道。

图 1-13

对比度：图像中最亮和最暗部分之间的差异程度。较高的对比度可以增强图像的清晰度和视觉效果。

饱和度：图像中颜色的强度和纯度。较高的饱和度可以使图像的颜色更加鲜艳和饱满。

锐度：图像中边缘的清晰度和强度。较高的锐度可以使图像的细节更加清晰和突出。

噪点：图像中随机出现的不希望出现的颗粒状或块状干扰。噪点会降低图像的清晰度和质量。弱光下，设定高感光度拍摄的照片，如图 1-14 所示，局部放大后，可以看到明显的噪点，如图 1-15 所示。

图 1-14

压缩方式：对于图像，我们可以使用不同的压缩方式来减小文件大小，常见的压缩方式有无损压缩和有损压缩。比如，JPEG 格式为有损压缩的文件格式，TIFF 格式则是一种无损压缩的文件格式。

图 1-15

1.3　文件格式

数字文件压缩与封装

　　数字文件的压缩是指通过某种算法将文件的大小减小，以节省存储空间或传输带宽。压缩可以分为有损压缩和无损压缩两种方式。

　　有损压缩是指在压缩文件时会丢失一些数据，以达到更高的压缩比。常见的有损压缩文件格式包括 JPEG（用于压缩图像文件）、MP3（用于压缩音频文件）等。有损压缩适用于对数据完整性要求不高的场景。

　　无损压缩是指在压缩文件时不会丢失任何数据，压缩后的文件可以还原为原始文件。常见的无损压缩文件格式包括 ZIP（用于压缩文件和文件夹）、PNG（用于压缩图像文件）等。无损压缩适用于对数据完整性要求高的场景。CR3 这种 RAW 文件格式是没经过压缩的，JPEG 格式则是压缩后的文件格式，如图 1–16 所示。

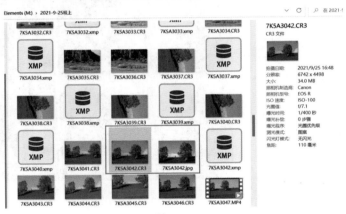

图 1–16

　　封装是指将一个或多个文件打包成一个整体。封装可以将多个相关的文件组合在一起，方便传输和管理。常见的封装格式有 ZIP、RAR、TAR 等。封装格式可以包含压缩文件和非压缩文件，以及其他附加信息，如文件目录、权限等。

　　数字文件的压缩与封装可以结合使用，通过压缩来减小文件大小后再进行封装，可以进一步提高存储和传输效率。

RAW格式、XMP格式与DNG格式

1. RAW 格式与 XMP 格式

　　RAW 格式是数码单反相机的专用格式，包含相机的感光元件 CMOS 或 CCD 图像感应器将捕捉到的光源信号转化为数字信号的原始数据。RAW 格式文件记录了数码相机传感器的原始信息，同时记录了由相机拍摄所产生的一些原始数据（如 ISO 的设置、

快门速度、光圈值、白平衡等）。RAW 格式是未经处理也未经压缩的格式。不同的相机有不同的对应格式，如 NEF、CR2、CR3、ARW 等。

因为 RAW 格式保留了摄影师创作时的所有原始数据，没有经过优化或是压缩而产生细节损失，所以特别适合作为后期处理的底稿使用。

在 Photoshop 软件，RAW 格式文件需要借助特定的增效工具 Adobe Camera Raw（简称 ACR，如图 1–17 所示）来进行读取和后期处理。

图 1–17

如果利用 ACR 对 RAW 格式文件进行过处理，那你会发现在文件夹中会出现一个同名的文件，但文件扩展名是 .xmp，如图 1–18 所示，该文件无法打开，是不能被识别的文件。

其实，XMP 格式文件是一种操作记录文件，记录了我们对 RAW 格式文件的各种修改操作和参数设定，是一种经过加密的格式文件。正常情况下，该文件非常小，几乎可以忽略不计。但如果删除该文件，那么你对 RAW 格式文件所进行的处理和操作会消失。

RAW 格式文件就像一块未经加工的石料，将其压缩为 JPEG 格式文件，这就像将石料加工为一座人物雕像。相信这个比喻可以让你很直观地了解 RAW 格式与 JPEG 格式的一些差别。在实际应用方面，将 RAW 格式文件导入后期软件，用户可以直接调用日光、阴影、荧光灯、日光灯等各种原始白平衡模式，如图 1–19 所

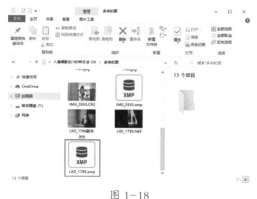

图 1–18

示，获得更为准确的色彩还原，还可以如同在相机内设置照片风格（尼康称为优化校准）一样，在 ACR 中设定照片的风格。JPEG 格式文件则不行，已经在压缩过程中自动设定为某一种白平衡模式。另外，在 RAW 格式文件中，用户还可以对照片的色彩空间进行设置，而不像 JPEG 格式文件那样，已经自动压缩为某种色彩空间（以 sRGB 色彩空间为多）。

图 1-19

　　打开一个 RAW 格式文件，对文件照片进行大幅度的影调调整之后，画面整体明暗发生了变化，追回了更多的暗部和高光区域的细节，如图 1-20 所示。针对 JPEG 格式文件进行这种处理时，暗部和高光区域的细节是无法追回太多的。

图 1-20

另外，我们对拍摄的 JPEG
格式照片进行明暗对比度调整
时，经常会出现一些明暗过渡不
够平滑、有明显断层的现象。这
是因为 JPEG 格式是压缩后的照
片格式，已经有过太多的细节损
失了。看图 1-21，处理后，天
空部分的过渡就不够平滑，出现
了大量的波纹状断层。

图 1-21

之所以 RAW 格式文件能
追回细节，而 JPEG 格式文件不
行，主要是因为 RAW 格式文件
与 JPEG 格式文件的位深度不同。JPEG 格式文件的位深度是 8 位，而 RAW 格式文件
的位深度为 12 位、14 位或 16 位。

2. DNG 格式

如果理解了 RAW 格式，那么很容易弄明白 DNG 格式。DNG 格式也是一种
RAW 格式，是 Adobe 公司开发的一种开源的 RAW 格式。Adobe 公司开发 DNG
格式的初衷是希望破除日系相机厂商在 RAW 格式方面的技术壁垒，能够实现统一的
RAW 格式标准，不再有细分的 CR2、NEF 等。虽然有哈苏、莱卡及理光等厂商的支持，
但佳能及尼康等大众化的厂商并不买账，所以 DNG 格式并没有实现其开发的初衷。

当前，Adobe 公司的 Lightroom 软件会默认地将 RAW 格式文件转为 DNG 格
式文件进行处理，这样做的好处是可以不必产生额外的 XMP 记录文件，所以在使用
Lightroom 进行原始文件照片处理之后，是看不到 XMP 文件的；另外，在对 DNG 格
式文件进行修片时，处理速度可
能要快于一般的 RAW 格式文件。
但是 DNG 格式的缺陷也是显而易
见的，兼容性是个大问题，当前
主要是 Adobe 旗下的软件在支持
这种格式，其他的一些后期软件
可能并不支持。

在 Lightroom 的首选项中，
可以看到软件是以 DNG 格式对
原始文件进行处理的，如图 1-22
所示。

图 1-22

其他5种常见的图片格式

在数码摄影中，图片的格式除了 RAW 以外，还有常见的 JPEG、TIFF、PNG 等。

1. JPEG 格式

JPEG（Joint Photographic Experts Group），即联合图像专家组，该小组是发明文件格式的委员会。

JPEG 格式是摄影师最常用的图片格式，其扩展名为 .jpg（可以在计算机内设定以大写字母还是小写字母的方式来显示扩展名，图 1-23 所示便是以小写字母 .jpg 表示）。因为 JPEG 格式图片在高压缩性能和高显示品质之间找到了平衡，用通俗的话来说即 JPEG 格式图片可以在占用很小空间的同时，具备很好的显示画质。并且，JPEG 格式是普及性和用户认知度都非常高的一种图片格式，我们的计算机、手机等设备自带的读图软件都可以畅行无阻地读取和显示这种格式图片。对于摄影师来说，无论什么时候，都要与这种图片格式打交道。

对于大部分摄影爱好者来说，无论最初拍摄了 RAW、TIFF、DNG 格式图片，还是曾经将图片保存为 PSD 格式图片，最终在计算机上浏览、在网络上分享时，通常还是要转为 JPEG 格式图片呈现。

图 1-23

JPEG 格式对于图片的高压缩比是一个缺点，图片的每一次编辑、保存都会因为 JPEG 格式进行一次压缩，降低图片文件的数据容量，也压缩图片中色彩数量，降低图像质量。

2. PSD 格式

PSD（Photoshop Document）格式是 Photoshop 图像处理软件的专用文件格式，其扩展名是 .psd。它是一种无压缩的原始文件保存格式，我们也可以称之为 Photoshop 的工程文件格式（在计算机中双击 PSD 格式文件，那么会自动打开

Photoshop 进行读取）。由于可以记录所有之前处理过的原始信息和操作步骤，因此在图像处理中对于尚未制作完成的图像，选用 PSD 格式保存是最佳的选择。保存以后再次打开 PSD 格式的文件，之前编辑的图层、滤镜、调整图层等处理信息还存在，可以继续修改或者编辑，如图 1-24 所示。

也是因为保存了所有的文件操作信息，所以 PSD 格式文件往往非常大，并且通用性很差，只能使用 Photoshop 读取和编辑，使用不便。

图 1-24

3.TIFF 格式

从对图片编辑信息的保存完整程度来看，TIFF（Tagged Image File Format）格式与 PSD 格式很像。TIFF 格式是由 Aldus 和 Microsoft 公司为印刷出版开发的一种较为通用的图像文件格式，扩展名为 .tif。TIFF 格式是现存图像文件格式中非常复杂的一种，好在支持在多种计算机软件中进行运行和编辑。

当前几乎所有专业的照片输出，比如印刷作品集等大多采用 TIFF 格式。以 TIFF 格式存储后文件会变得很大，但可以完整地保存图片信息。从摄影师的角度来看，TIFF 格式大致有两个用途：如果要在确保图片有较高通用性的前提下保留图层信息，那可以将图片保存为 TIFF 格式；如果图片有印刷需求，也可以考虑保存为 TIFF 格式。更多时候，使用 TIFF 格式主要是看中其可以保留图片处理的图层信息，如图 1-25 所示。

PSD 格式文件是工作用文件，而 TIFF 格式文件更像是工作完成后输出的文件。最终完成对 PSD 格式文件的处理后，输出为 TIFF 格式文件，确保在保存大量图层及编辑操作的前提下，能够有较强的通用性。例如，假设我们对某张图片的处理没有完成，但必须要出门了，则将图片格式保存为 PSD 格式，回家后可以重新打开保存的 PSD 格式文件，继续进行后期处理；如果出门时保存为 TIFF 格式，肯定会产生一定的信息压缩，再返回就无法进行延续性很好的处理。而如果对图片已经处理完毕，又要保留图层信息，那保存为 TIFF 格式是更好的选择；如果保存为 PSD 格式，则后续的使用会处处受限。

图 1-25

4.GIF 格式

GIF（Graphics Interchange Format）格式可以存储多幅彩色图像。如果把存于一个文件中的多幅图像逐幅读出并显示到屏幕上，就可构成一种最简单的动画。当然，也可以只存一幅图像，从而构成静态的画面。

GIF 格式自 1987 年由 CompuServe 公司引入后，因其体积小、成像相对清晰，特别适合于初期慢速的互联网，而大受欢迎。当前很多网站首页的一些配图就是 GIF 格式的图片。将 GIF 格式的图片载入 Photoshop，可以看到它是由多个图层组成的，如图 1-26 所示。

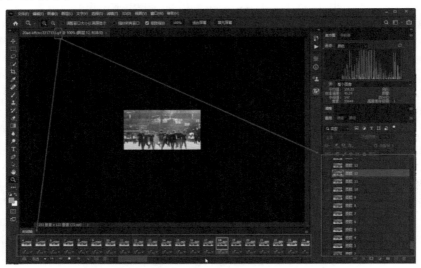

图 1-26

5.PNG 格式

相对来说，PNG（Portable Network Graphic Format）格式是一种较新的图像文件格式，其设计目的是试图替代 GIF 格式和 TIFF 格式，同时增加一些 GIF 格式所不具备的特性。

对于我们摄影用户来说，PNG 格式最大的用途往往在于其能很好地保存并支持透明效果。我们抠取出主体景物或文字，删掉背景图层，然后将图片保存为 PNG 格式图片，将该 PNG 格式图片插入 Word 文档、PPT 文档或网页时，如图 1-27 所示，会无痕地融入背景。

图 1-27

元数据管理

每一张数字图片都有一个附带信息的元数据文件，元数据文件是记载图像文件所有信息的文档，元数据包含以下重点信息。

- **EXIF**：通常被数码相机在拍摄照片时自动添加，比如相机型号、镜头、曝光、图片尺寸等信息。
- **IPTC**：比如图片标题、关键字、说明、作者、版权等信息。
- **XMP**：由 Adobe 公司制定的标准，以 XML 格式保存。用 Photoshop 等 Adobe 公司的软件制作的图片通常会携带这种信息。

元数据是任何有助于描述文件内容或特征的数据。你可能已经习惯于通过许多应用程序和某些操作系统中的文件信息或文档属性框查看和添加一些基本元数据。图 1-28 所示为在 Windows

图 1-28

操作系统中查看照片的元数据信息。

　　Adobe 的可扩展元数据平台（XMP）是一种文件标记技术，可让你在内容创建过程中将元数据嵌入文件本身中。使用 XMP 应用程序，你的工作组可以捕获有关项目的有意义的信息（如标题和描述、可搜索的关键字以及最新的作者和版权信息），其格式很容易被你的团队以及软件应用程序、硬件设备甚至文件格式所理解。最重要的是，当团队成员修改文件和资产时，他们可以在工作流期间实时编辑和更新元数据。

1.4　数码摄影后期思维、处理观念与尺度

数码摄影后期思维方式

　　对于数字图像来说，后期处理是必不可少的环节，这样可以让图像得到准确还原或是美化，从而进一步体现摄影师的创作意图。要进行后期处理，应该有一套正确的后期思维方式，主要包含以下几点。

1. 以目标为导向

　　在数码摄影后期处理中，要明确自己的处理目标和意图。要清楚地知道自己想要表达的情感、主题或故事，并通过后期处理手段来实现这一目标。如图 1-29 所示，要表现优美的风光画面，就应该按照风光画面的后期思维方式来处理图像。

图 1-29

2. 敏锐的观察力

在数码摄影后期处理中，要有敏锐的观察力，能够发现图像中的细节、色彩、对比度等特点，并根据需要进行调整和修饰。

3. 良好的技术意识

进行数码摄影后期处理需要具备一定的技术知识和技能。要熟悉各种后期处理软件的使用方法，并了解一些基本的图像处理技巧和工具，以便能够灵活运用。

4. 学习和探索精神

数码摄影后期处理是一个要求不断学习和探索的过程。要保持学习的态度，不断研究和尝试新的后期处理技术和方法，以不断提升自己的处理水平和创作能力。

5. 要有创造性思维

数码摄影后期处理是一种创作过程，需要有创造性思维。要能够通过后期处理，表达自己的创意和观点，将原始图像转化为自己想要表达的艺术作品。

树立正确的数码摄影后期观念

正确的数码摄影后期观念应该是以尊重原始图像为基础，注重细节和精确度，同时培养审美和艺术感，以达到更好地表达图像信息的目的。

理解图像的本质： 数码摄影后期是为了更好地表达图像的信息，而不是为了追求过度处理或修饰。要理解图像的构成要素、色彩、对比度、细节等，并根据图像的主题和目的进行合理的处理。

尊重原始图像： 尽量保留原始图像的特点和风格，不过度修改或破坏原始图像的真实性和完整性。在处理过程中要尽量避免过度增加饱和度、对比度等，以保持图像的自然感。

学习基本的图像处理技巧： 掌握一些基本的图像处理技巧，如调整曝光、对比度、色彩平衡、锐化等，以便根据需要进行适当的调整和修饰。图 1-30 所示为在 ACR 中处理图像的界面，图 1-31 所示为在 Photoshop 中处理图像的界面。

图 1-30

图 1-31

注重细节和精确度： 在处理图像时，要注重细节的处理和精确度的控制。要仔细观察图像中的细节，并针对性地进行调整和修饰，以达到更好的效果。

培养审美和艺术感： 数码摄影后期不仅是技术的应用，更是一门艺术。要培养自己的审美和艺术感，学习欣赏和理解优秀的图像作品，从中汲取灵感和得到启发，不断提升自己的处理水平和创作能力。

后期处理的尺度把握

后期处理应该在保持照片真实感的基础上，根据照片的主题和需求，合理调整色彩、细节等，以达到更好的视觉效果。

自然度尺度： 保持照片的自然感，不过度处理，避免过度增加饱和度、对比度等，使照片失去真实感。

色彩尺度： 根据照片的主题和氛围，合理调整色彩饱和度、色调等，使照片呈现出所需的色彩效果。

细节尺度： 保留照片的细节信息，不过度锐化或模糊处理，避免破坏照片的清晰度和真实感。

色温尺度： 根据照片的拍摄环境和主题，调整照片的色温，使其更符合实际场景或所需的氛围。

去瑕疵尺度： 适度去除照片中的噪点、瑕疵等，但不过度润饰，以保持照片的自然感。

图 1-32 和图 1-33 分别显示了照片的原图和调整后的效果，这就是一种相对比较合理的后期处理。

图 1-32

图 1-33

第 2 章

数码摄影后期色彩管理

本章我们将介绍数码摄影后期色彩管理方面的基础知识，以及一些色彩管理的
技巧。

2.1 数字化成像色彩呈现原理

计算机色彩原理

计算机色彩的呈现，要从两个方面来理解，其一，显示屏的色彩显示；其二，系统或人为控制色彩的显示。

1. 显示屏的色彩显示

显示屏显示色彩，主要有两种方式：发射式显示和反射式显示。

发射式显示：液晶显示（LCD）是一种常见的发射式显示技术。它通过在背光源后面放置液晶层和色彩滤光器来实现色彩显示。背光源通常使用冷阴极荧光灯（CCFL）或发光二极管（LED）。当背光源发光时，光线通过液晶层，液晶分子的排列状态受到电场控制，从而控制光线的透过程度。色彩滤光器根据 RGB 原理来选择透过的光线颜色，最终形成彩色图像。液晶显示屏显示色彩的原理示意如图 2-1 所示。

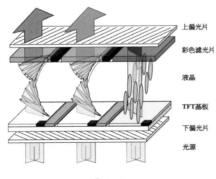

上偏光片
彩色滤光片
液晶
TFT基板
下偏光片
光源

图 2-1

反射式显示：电子墨水（E-ink）是一种常见的反射式显示技术。它利用微胶囊进行显色，微胶囊内部封有黑色和白色的颗粒，这些颗粒可以在电场的作用下移动来实现显示。当电场作用于胶囊时，颗粒会向上或向下移动，从而改变颗粒的位置，显示出不同的颜色。电子墨水屏主要适用于黑白和灰度图像显示，不适用于彩色显示。

2. 系统或人为的色彩控制

无论是发射式显示还是反射式显示，显示屏都需要通过电子信号来控制每个像素点的亮度和颜色。电子信号的控制可以通过驱动电路和控制器来实现，将输入的图像信号转化为对应的像素点控制信号，从而实现色彩显示。

比如说系统软件设定某些区域的色彩，就会通过驱动电路和控制器来利用电子信号控制像素点的亮度和色彩显示。而摄影后期就是人为控制色彩显示的另外一种情况，我们在软件中对照片进行调色，通过键盘或鼠标输入控制命令，最终由电子信号控制色彩的显示。

本质上说，计算机对于色彩的控制，是基于光的三原色原理和加法混色原理的。

光的三原色原理：根据光的三原色原理，红、绿、蓝 3 种基本颜色的光可以通过不同强度的组合来产生其他颜色。在计算机内部，则是通过调节红、绿、蓝 3 种颜色的亮度来组合成各种色彩。

加法混色原理：计算机显示器和投影仪等设备采用的是加法混色原理，即通过叠加红、绿、蓝 3 种颜色的光来产生其他颜色。当红、绿、蓝 3 种颜色的光都不发光时，显示黑色；当 3 种颜色的光都以最大强度发光时，显示白色。

计算机中使用的颜色表示方式一般是RGB（红、绿、蓝）色彩模型，其中每种颜色的取值范围为 0~255, 表示颜色的亮度。通过调节红、绿、蓝 3 种颜色的亮度的组合, 可以得到数百万种不同的颜色。

用吸管工具在照片某个位置单击, 可以提取所单击位置的颜色并显示到前景色中, 如图 2-2 所示。

单击前景色, 在打开的拾色器中可以看到所取颜色的信息, 如图 2-3 所示。下方的 ff0000 格式的值是所取颜色的 16 进制值, 即对色彩进行数字化的处理, 如图 2-4 所示。

图 2-2

图 2-3

图 2-4

色彩模式

色彩模式是指用于描述和表示图像颜色的一种规范或标准。它定义了图像中使用的颜色空间、颜色范围和颜色表示方式。

在查看色彩模式时, 在 Photoshop 主界面, 鼠标单击工具栏中的前景色或背景色, 可以打开拾色器, 在其中可以看到面板右下角的 4 类色彩模式: HSB 色彩模式、RGB 色彩模式、Lab 色彩模式和 CMYK 色彩 模式, 如图 2-5 所示。

1. HSB 色彩模式

下面首先来看 HSB 色彩模式。这种色彩模式其实就是以色彩三要素为基础构建的色彩体系, 其中 H 为 Hue, 表示色相, S 为 Saturation, 指饱和度或纯度, B 为 Brightness, 指色彩的明亮度。

面板中间的色相条, 针对的是不同的色相, 上下拖动两侧的三角标, 可以改变色相。在左侧的方形色彩区域之内可以改变所选择色相的饱和度、明亮度这两项参数, 如图 2-6 所示。

图 2-5

图 2-6

图 2-7

在右侧我们可以观察 H、S、B 这 3 项的参数，比如我们将色相条拖动到接近于最上方的位置，可以看到色相的角度变为 349°，如图 2-7 所示，这个色相条实际上就是将色环图（如图 2-8 所示）展开所得到的。色相位置的标记，依然是以圆周的 360° 来进行的。最下方的红色为 0°，一直延伸到最上方，逐渐过渡到360°，实际上到 360° 时，也就自然变为 0° 了。

图 2-8

在 HSB 色彩模式下设定色彩。如图 2-9 所示，我们定位到最上方的纯红色色相，在左侧的色块上单击中性灰位置，在右侧的参数面板中可以看到红色的度数为 0°，其中饱和度和明亮度均为 50%。设定好之后单击"确定"按钮，就相当于设定了前景色的色彩，如图 2-10 所示。

当然我们也可以为前景色或背景色设定其他色彩。

图 2-9

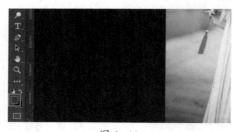

图 2-10

2.RGB 色彩模式

接下来看 RGB 色彩模式。依然选择红色色相，将光标移动到左下角，此时在右侧可以看到 R、G、B 这 3 个值均为 0，即将参数调到最低，则它们混合之后的效果是纯黑，如图 2-11 所示。

将红色的值调到 255，可以在右侧的窗口中看到定位的颜色为纯红色，并且其明亮度和饱和度都是最高的。与此同时，

绿色和蓝色的值均为 0，如图 2-12 所示。

图 2-11

图 2-12

将光标定位到左侧色块的左上角，即纯白色的位置，如图 2-13 所示，从参数中可以看到 R、G、B 的值分别为 255，也就是三原色叠加可以得到白色（如图 2-14 所示），所以，RGB 色彩模式也被称为加色模式。

图 2-13

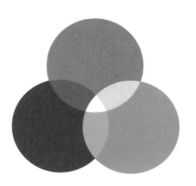

图 2-14

3.Lab 色彩模式

在计算机上看到和使用的照片，大多是 RGB 色彩模式的，几乎很难看到 Lab 色彩模式的照片。

Lab 是基于人眼视觉原理而提出的一种色彩模式，理论上它概括了人眼所能看到的所有颜色。在长期的观察和研究中，人们发现人眼一般不会混淆红绿、蓝黄、黑白这 3 组共 6 种颜色，这使研究人员猜测人眼中或许存在某种机制以分辨这几种颜色。于是有人提出可将人的视觉系统划分为 3 条颜色通道，分别是感知颜色的红绿通道和蓝黄通道，以及感知明暗的明度通道。这种理论很快得到了人眼生理学证据的支持，从而得以迅速普及。经过研究人们发现，如果人的眼睛中缺失了某条颜色通道，就会产生色盲现象。

1932 年，国际照明委员会依据这种理论建立了 Lab 颜色模型，后来 Adobe 将 Lab 色彩模式引入 Photoshop，将它作为色彩模式置换的中间模式。因为 Lab 色彩模式的色域最宽，所以将其他色彩模式置换为 Lab 色彩模式时，颜色没有损失。实际应用中，在将设备中的 RGB 色彩模式的照片转为 CMYK 色彩模式准备印刷时，可以先将 RGB 色彩模式转为 Lab 色彩模式，这样不会损失颜色细节，最终再从 Lab 色彩模式转为 CMYK 色彩模式，这也是之前很长一段时间内，影像作品印前的标准工作流程。

一般情况下，我们在计算机、相机中看到的照片，绝大多数采用 RGB 色彩模式，如果这些 RGB 色彩模式的照片要进行印刷，那就要先转为 CMYK 色彩模式。以前，在将 RGB 色彩模式转为 CMYK 色彩模式时，要先转为 Lab 色彩模式过渡一下，这样可以降低转换过程带来的细节损失。而当前，在 Photoshop 中我们可以直接将 RGB 色彩模式转换为 CMYK 色彩模式，中间的 Lab 色彩模式过渡在系统内部自动完成，我们看不见这个过程。（当然，转换会带来色彩的失真，可能需要进行微调校正。）

如果你还是不能彻底理解上述的说法，那我们用一种比较通俗的说法来进行描述：RGB 色彩模式下，调色后色彩发生变化，同时色彩的明度也会变化，这样某些色彩变亮或变暗后，可能会让调色后的照片损失明暗层次细节。

打开图 2-15 所示的 RGB 色彩模式的照片。

将照片调黄，因为黄色的明度非常高，如图 2-16 所示，可以看到很多部分因为

图 2-15

色彩明度的变化出现了一些细节的损失。
而如果是在 Lab 色彩模式下调整，因为色
彩与明度是分开的，所以将照片调为这种
黄色后，是不会出现明暗细节损失的，如
图 2-17 所示。

图 2-16

图 2-17

在 Lab 色彩模式下调色的效果非常
好，但这种模式也有明显问题。在 Lab 色
彩模式下，很多的功能是无法使用的，
如黑白、自然饱和度等；另外还有很多
Photoshop 滤镜无法使用，并且即便是
能够使用的功能，其界面形式也与传统意
义上的后期调整格格不入。

使用 Lab 色彩模式时，打开"图像"
菜单，在其下的"调整"菜单中我们可以
看到很多菜单功能变为灰色不可用状态，
如图 2-18 所示。

图 2-18

分别在 RGB 色彩模式和 Lab 色彩模式下选择"色彩平衡"命令，打开"色彩平衡"对话框。可以看到 RGB 色彩模式下的调整界面（如图 2-19 所示）与 Lab 色彩模式下的调整界面（如图 2-20 所示）有很大区别。

图 2-19　　　　图 2-20

4.CMYK 色彩模式

下面介绍 CMYK 色彩模式的概念以及特点。

打开拾色器对话框，在右下角可以看到 CMYK 色彩模式的参数信息，如图 2-21 所示。至于左侧的色彩窗口以及色条与其他的色彩模式的没有区别。

图 2-21

所谓 CMYK 是指三原色的补色，再加上黑色，一共 4 种颜色，分别为红色的补色青色，英文 Cyan，首字母 C；绿色的补色洋红（品红色），英文

Magenta，首字母 M；蓝色的补色黄色，英文 Yellow，首字母 Y；黑色的英文为 Black，但为了与首字母为 B 的蓝色相区别，这里取字母 K；最终就简写为 CMYK 色彩模式。

在 RGB 色彩模式下，3 色叠加可以得到白色，这是一种加色模式；C、M、Y、K 这几种色彩的颜料印在纸上，最终叠加出黑色（如图 2-22 所示），是一种越叠加越黑的效果，因此 CMYK 色彩模式也被称为减色模式，主要用于印刷领域。

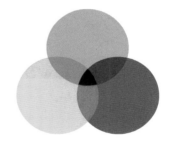

图 2-22

对于一般的摄影爱好者来说，可以大致了解一下减色模式中的黑色。这里会涉及单色黑和四色黑的问题。

在拾色器对话框右下角将 K 值，也就是黑色的值设定为 100%，但观察左侧的色彩框，可以看到黑色并没有变为纯黑，如图 2-23 所示，也就是说这种单色黑其实并不够黑，印刷出来也是不够黑的。

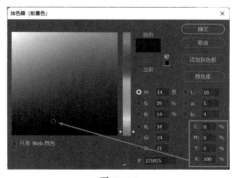

图 2-23

只有将 C、M、Y、K 这 4 个值都设定到最高的 100%，这时才能得到更黑的效果，如图 2-24 所示。在冲洗一些照片时设定的黑白效果是四色黑。

当然，设定为四色黑会更费油墨一些，但表现出来的效果最好。

图 2-24

我们学习摄影后期修图，修出的照片如果要涉及印刷，就需要将图片转为 CMYK 色彩模式之后才能印刷。

照片由 RGB 色彩模式转为 CMYK 色彩模式时，饱和度会变低，对比度也会变低，画面整体会变得灰蒙蒙的，不够理想。

通常情况下，转为 CMYK 色彩模式之后，要对照片进行简单的调色，让照片重新变得好看一些。

除了上述常见的色彩模式，还有其他一些特定的色彩模式，如 Grayscale、Indexed Color 等，它们针对不同的应用场景和需求，提供不同的颜色表示方式和特性。选择合适的色彩模式可以确保图像颜色的准确性和一致性。

色彩深度

色彩深度（位深度）是指每个像素的颜色信息所占用的位数。位深度越高，每个像素可以表示的颜色种类就越多。

在进一步了解位深度之前，我们先来了解一下什么是"位"（bit）。我们都知道，计算机是以二进制的方式处理和存储信息的，因此任何信息进入计算机后都会变成 1 和 0 不同位数的组合，当然色彩也是如此。

常见的位深度有以下几种。

- 1 位深度：只有白和黑两种差别，呈现 2 种明暗信息。
- 8 位深度：有 2 的 8 次方，共 256 种差别，呈现 256 种明暗信息。
- 16 位深度：有 2 的 16 次方，共 65536 种差别，呈现 65536 种明暗信息。
- 24 位深度：有 2 的 24 次方，共 16777216 种差别，呈现 16777216 种明暗信息。
- 32 位深度：有 2 的 32 次方，共 4294967296 种差别，呈现 4294967296 种明暗信息。

其他一些不同位深度所能表现出的明暗信息数量如图 2-25 所示。

但我们知道，一个像素点是有红、绿、蓝 3 种色彩的，那么在我们常见的 8 位／通道色彩深度的照片中，一个像素点能呈现出多少色彩信息呢？非常简单，即 256×256×256，共计 16777216 色彩变化，如图 2-26 所示。

需要注意的是，位深度只代表每个像素可以表示的颜色种类，而不代表图像的质量或清晰度。图像的质量或清晰度还受到其他因素的影响，如分辨率、压缩算法等。

正常来说，位深度越大，照片的色彩和明暗过渡越平滑和细腻，反之则会出现色彩和明暗的断层等情况，导致画面细节变差，给人的观感也不够好。但是，位深度越大，照片的"体积"也会越大，所占空间会更多，不便于传输和分享，并且在不同设备上的兼容性也会变差。

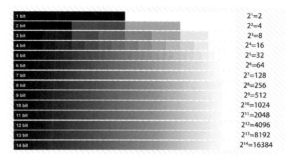

图 2-25

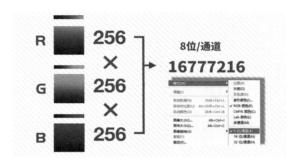

图 2-26

2.2　色彩空间与色域

认识色彩空间与色域

色彩空间（Color Space）是将颜色在某种数学模型中进行描述和表示的一种方式。它是一种数学抽象，用于表示并计算颜色的属性和关系。

色域（Color Gamut）指的是在色彩空间中可表示的颜色范围。它表示一个设备或者系统能够显示或者捕捉到的颜色范围。不同的设备、不同的色彩空间都有不同的色域。

TIPS:

　　在数码摄影领域，通常情况下很多人会将色域直接称为色彩空间。

色域坐标系中包括所有可见颜色的范围。常见的色域包括 ProPhoto RGB、sRGB、Horseshoe shape of Visible Color、Adobe RGB 等，如图 2-27 所示。sRGB 是一种较为常见的色域，广泛应用于计算机显示器、数码相机等设备上。

Horseshoe Shape of Visible Color 色域译为"马蹄形色彩空间",表示的是接近于无数色彩的理想色彩空间;ProPhoto RGB 是 Adobe 公司推出的色彩空间,色域很大,但当前兼容性不是特别理想;Adobe RGB 色域也较大,能够表示更多鲜艳的颜色,主要用于专业图像处理和印刷领域。当然,还有一些色域没有在这个坐标系中标出来,如主要用于电影放映的 DCI-P3 色域等。

在数码摄影后期处理中,要保证颜色的准确性和一致性,通常需要进行色彩管理。色彩管理可以通过色彩空间转换和色彩校准来实现,以确保图像在不同设备上显示的颜色一致。

色域表示设备或者系统能够显示或者捕捉到的颜色范围,而色彩空间则是在特定色彩模式下的颜色表示方式。正确理解和处理色域和色彩空间对于准确显示和处理图像中的颜色至关重要。

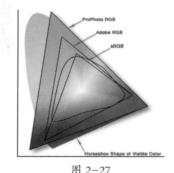

图 2-27

输入与显示

色域的输入和显示是指在数码摄影后期处理中,图像的原始输入色域和最终显示的色域之间的转换过程。

输入色域指的是图像的原始色彩信息所处的色域。例如,如果从数码相机中获取图像,它的原始输入色域可能是相机所支持的色域,如 sRGB 或 Adobe RGB。在打开的 ACR 界面底部,可以看到对于色域的设定,如图 2-28 所示。

图 2-28

显示色域指的是最终显示图像的设备所支持的色域。例如，计算机显示器、打印机和投影仪都有自己的色域。

在数码摄影后期处理中，通常需要将输入色域转换为显示色域，以确保图像在不同设备上显示的颜色一致，这个过程称为色彩管理。

色彩管理涉及色彩空间转换和色彩校准。色彩空间转换是指将输入色域中的颜色值转换为与显示色域相匹配的颜色值。色彩校准是指校准显示设备的色彩输出，以确保其准确显示图像的颜色。

ICC 色彩管理

ICC（International Color Consortium）是一个由多家公司和组织共同组成的国际组织，旨在制定和推广色彩管理标准。ICC色彩管理（ICC Color Management）是一种通过色彩空间的映射和转换以保证在不同设备和平台上显示一致颜色的技术。ICC 色彩管理系统使用 ICC 配置文件来描述设备的色彩特性，包括色彩空间、颜色响应和色彩转换等信息。

ICC 色彩管理的基本原理是通过建立连接设备的 ICC 配置文件，将图像的颜色数据从一个设备的色彩空间转换到另一个设备的色彩空间，以确保图像在不同设备上显示一致的颜色。

ICC 色彩管理主要包括以下内容。

- 设备校准：通过使用校准设备（如色彩卡）来测量设备的色彩特性，生成设备的 ICC 配置文件。
- 色彩转换：通过使用源设备和目标设备的 ICC 配置文件，将图像的颜色数据从源设备的色彩空间转换到目标设备的色彩空间。
- 色彩匹配：通过比较源设备和目标设备的色彩特性，进行色彩映射和调整，以实现更准确的色彩匹配。

ICC 色彩管理系统可以应用于各种设备和平台，包括计算机显示器、打印机、扫描仪、数码相机等，可以确保在不同设备上显示的图像色彩更加准确和可靠。

色彩校准：硬件与软件校准

色彩校准可以通过硬件和软件两种方式来进行。

硬件校准主要校正显示器，软件校准主要校正显卡输出。硬件校准的校准配置文件存于显示器芯片中，软件校准的校准配置文件（ICC Profile）存在于主机端。

硬件校准是调整显示器的各项参数，以确保色彩准确、亮度均匀，对比度恰当。

软件校准是调整显卡输出信号到显示器上，显示正确的画面。比如显示器蓝色缺失，显卡可以通过加深蓝色的方式让显示画面尽可能接近正确。软件校准的缺点在于除了对特定色彩的校准，其他的过渡色彩都是靠显卡模拟得出的，因此会造成过渡色彩的缺失和失真。

而硬件校准是通过校准显示器中的3D LUT 表等校准模型，直接校准显示器，从根本上解决显示器的显示问题，也因此能避免软件校准的缺陷。

无论是软件校准还是硬件校准，都通过对选定色域中特定关键色彩值的校准来达到校准所有颜色的目的。

色彩校准主要包含以下几个方面。

- 亮度设置：确保显示器的亮度适中，过亮或者太暗都会影响图像质量。可以使用显示器菜单或操作系统的亮度调节选项进行调整。
- 对比度设置：对比度决定白色与黑色之间的差异程度。过高或过低的对比度都可能导致图像细节的丢失或无法区分。使用显示器菜单或操作系统的对比度调节选项进行调整。

- 色温设置：色温定义图像中的颜色偏暖还是偏冷。根据个人喜好和特定任务需求，选择合适的色温。常见的选项包括冷色调（蓝色偏多）、中性色调和暖色调（红色偏多）。这也可以在显示器菜单或操作系统的颜色设置中进行调整。

- Gamma 校正：调整显示器对灰度级别的响应曲线，以确保亮度变化的均匀性。通常，操作系统会提供 Gamma 校正选项，可以在显示器设置或操作系统的显示设置中进行调整。

- 色彩校准：可使用硬件色彩校准工具（如专业的显示器校准仪）进行精确的色彩校准。这种工具会生成一个色彩配置文件，应用于操作系统，以确保色彩的准确性。

红蜘蛛校色仪是当前摄影爱好者和摄影师比较常用的硬件校色仪器，如图 2-29 所示。

图 2-29

而 Natural Color PRO 是摄影师或摄影爱好者常用的一款色彩校准软件，它可以通过调整显示器的亮度、对比度、色温等参数来达到准确的色彩表现。用户可以根据自己的需求和偏好进行个性化的调整。

色彩校准是为了确保显示器能够准确地显示图像的颜色和亮度。由于不同显示器的生产批次和调整方式可能存在差异，因此进行色彩校准可以使显示器的色彩表现更加准确和一致。

进行色彩校准可以提高图像色彩的准确性和一致性，尤其对于需要精确色彩表现的任务，如图形设计、摄影等，具有重要意义。

第 3 章

数码摄影后期软件与工作流程

本章介绍数码摄影后期所需的软件，并对图像处理时所涉及的一些基本概念进行说明，最后介绍 Lightroom 软件与 Photoshop 系统操作的相关技巧。

3.1 后期常用软件

Adobe Bridge

Bridge 是 Adobe 公司推出的一款非常优秀的看片、选片、照片管理、照片批处理软件。在 Photoshop CC 2014 之前的版本中，Bridge 一般是与 Photoshop 一起作为套装出现的，你可以认为 Bridge 是 Photoshop 自带的功能。但从 Photoshop CC 2014 版本开始，Bridge 与 Photoshop 分离，作为单独的软件出现，需要单独下载和更新。

几乎所有的照片、图库管理软件，在对照片进行管理时，都需要设置星标、旗标、色标，在 3.1.2 节我们将进行简单介绍。

在 Bridge 中浏览、管理照片后，如果要对照片进行后续的处理，可以用 Photoshop 将照片打开。无论是 RAW 格式还是 JPEG 格式的照片，都可以在 Bridge 软件界面中预览，找到要处理的照片，右键单击该照片，选择"在 Camera Raw 中打开"菜单命令（Camera Raw，以下简称"ACR"），如图 3-1 所示，即可将该照片载入 ACR 处理界面。

图 3-1

TIPS:

如果是 RAW 格式的照片，在 Bridge 中直接双击缩略图即可将其在 ACR 中打开。

Adobe Photoshop CC

Photoshop，全称为 Adobe Photoshop，简称"PS"，是由 Adobe 公司开发和发行的图像处理软件。Photoshop 主要处理像素所构成的数字图像。使用其丰富的编修与绘图工具，可以有效地进行编辑和创作。

Photoshop 支持 Windows 和 macOS。Linux 操作系统用户可以使用 Wine 来运行 Photoshop。

Adobe Photoshop 最初的版本于 1990 年 2 月 19 日发布。

2003 年，Adobe Photoshop 8 被更名为 Adobe Photoshop CS，后续更新的产品依次以 CS2、CS3 命名。

2013 年 7 月，Adobe 公司放弃了以 CS 命名的规则，推出了新版本 Photoshop CC，自此，Photoshop CS6 作为 Photoshop 的 CS 系列的最后一个版本被新的 CC 系列取代。

2022 年，Adobe 发布了 2023 版 Photoshop 软件，如图 3-2 所示。

图 3-2

Adobe Camera Raw

Photoshop 软件自身是无法读取数码相机所拍摄的 RAW 格式文件的，而 ACR 就是 Adobe 公司为 Photoshop 软件增配的专用于处理 RAW 格式文件的一款插件。ACR 需要依附于 Photoshop 存在，是内置在 Photoshop 中的，所以它也被称为 Photoshop 的增效工具。ACR 工具的内核与 Lightroom 这款单独的软件基本一致，除了可以处理 RAW 格式文件之外，它还可以对 JPEG、TIFF 等其他非源格式文件进行处理。

Photoshop 虽然功能最为强大，但是它的功能相对来说比较分散，并且有些功能不是特别直观，需要有一定基础才能使用。而 ACR 却可以一站式地对照片进行从打开到批处理再到照片全局和局部的调整等整个后期处理过程，让"零基础"用户进行后期处理，更易懂、更直观。

我们打开一张 RAW 格式文件照片，之后，ACR 的界面如图 3-3 所示，在右侧的面板中可以看到有对照片影调进行处理的"基本"面板，有对色调进行处理的混色器及颜色分级，有对局部进行处理的调整画笔、径向滤镜、渐变滤镜，还有对照片进行降噪和锐化的"细节"面板等。这些功能基本上全集中在一个区域，并且功能设定非常直观，这是 ACR 非常大的优势。

图 3-3

在打开的 ACR 工具中，我们可以看到有这样几个主要的区域。

①标题栏，标明了 ACR 的版本。

②工作区，用于显示照片的画面效果以及标题。处理照片时，要随时注意观察照片效果，进行相应调整。

③直方图，对应的是照片的明暗及色彩分布。

④面板区，集中了大量面板，这些面板对应的功能可以从各方面对照片进行处理。

⑤工具栏，当中有 3 个非常重要的工具，分别是调整画笔、径向滤镜和渐变滤镜。

⑥照片配置文件，与相机中的照片风格设定文件基本上是对应的。

⑦胶片窗格，用于显示照片的缩略图，在 ACR12.3 及之前的版本中，胶片窗格是居左放置的，但之后的版本中胶片窗格默认放大到工作区的下方，当然我们也可以对其进行配置，再次将其移到工作区的左侧。

⑧显示控制栏，显示照片的缩放比例，并可以控制画面的布局以及照片处理前后的效果对比等。

⑨"打开""完成"及"取消"等按钮。

⑩功能按钮，用于控制软件界面最大化或窗口显示状态，并可以对画面的功能进行一定的设置，另外还有"保存图像"按钮。

Adobe Photoshop Lightroom

　　Adobe Photoshop Lightroom（Lightroom）是 Adobe 研发的一款以摄影数码后期为重点的图形工具软件。

　　从摄影师的角度来看，Lightroom 这款软件集合了 Bridge、Photoshop、Camera Raw 三者的功能，集图库管理、照片后期处理和 RAW 格式后期处理等多种功能于一体。在本节中，我们将介绍 Lightroom 软件主界面的功能分布和各种功能面板的使用技巧。首先打开 Lightroom 软件，根据不同的功能类型，我们将软件的主界面划分为多个区域，如图 3-4 所示。简化之后，可以看到 Lightroom 主界面有标题栏、菜单栏、导航栏、左侧面板、照片显示区、工具栏、右侧面板和照片缩略图浏览区，如图 3-5 所示。

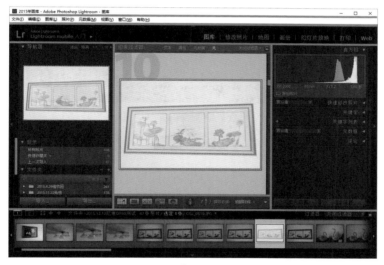

图 3-4

　　Lightroom 主界面的布局十分灵活。打开软件后我们可以看到，中间的照片显示区很小，不利于我们仔细地观察照片细节。此时我们就可以通过更改主界面布局来进行调整，让照片以更大的比例显示。具体地说，就是我们可以隐藏其他区域，腾出更多的区域用于

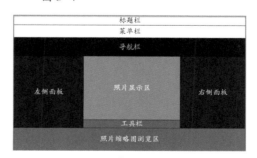

图 3-5

显示照片。我们可以看到，在照片的上下左右 4 个边中间的位置，都有一个朝向外侧的三角标，单击该三角标，就可以隐藏对应的上下左右的多个区域。

　　隐藏不需要的区域后，就可以以较大的比例显示照片了，如图 3-6 所示。此时你

可以看到，4边的三角标朝向变为朝内，单击即可将隐藏的区域显示出来，使用非常方便。此外，还可以使用快捷键来控制区域的显示和隐藏，按 F5、F6、F7、F8 这几个快捷键，可以对不同的区域进行隐藏和显示操作，例如，按 F5 键可以隐藏上方的导航栏，再按一次 F5 键就可以让导航栏显示出来。

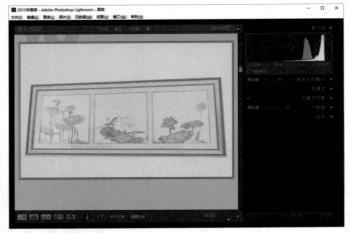

图 3-6

3.2　图像管理

照片管理的基本操作

1. 照片管理基础

在胶片摄影时代，每一张照片的产生都是要经过深思熟虑的，因为胶片创作的成本相对还是比较高的，所以摄影师的拍摄都比较谨慎，最终所产生的照片量不多。到了数码摄影时代，影像的拍摄和输出成本迅速下降，摄影师几乎可以不计成本地自由创作，想拍就拍，但这势必会导致影像数量呈现几何倍数的增长，产生照片的存储、检索和管理问题。

购买大容量的移动硬盘，可以解决照片存储的问题。许多用户会将照片分门别类，按照"日期 + 主题"的方式来新建并命名一个文件夹，如图 3-7 所示，里面是某个时间点里，在某个地点或是某次活动拍摄的大量照片，一般会有数百张照片。你的硬盘里就会有一个个这样的母文件夹。这就是最基础的照片管理方式了。

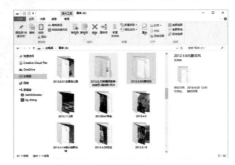

图 3-7

2.照片标记

对照片进行初步的管理之后，可以利用专业的数码照片管理软件对图库中的照片进行分类、管理、检索等。常用的照片管理软件有 Photoshop、Bridge、ACDSee、Lightroom 等。从功能性上来看，Lightroom 的照片管理功能无疑是最为强大的。

照片管理是比较简单但又相对烦琐的工作，这里我们以给照片添加星标为例介绍照片标记的方法，后续就可以围绕照片的 Exif 参数、所添加的标记等进行筛选。

对照片进行标记，是 Lightroom 照片管理的一种核心功能。常用的照片标记主要有 3 种，分别是星标、旗标和色标。在 Lightroom 照片显示区下方的工具栏内，可以看到这 3 类标记工具。如果你没有看到某种标记工具，那也没关系，只要在工具栏最右侧单击下拉三角按钮，打开下拉菜单，在其中勾选缺少的标记工具就可以了，如图 3-8 所示。

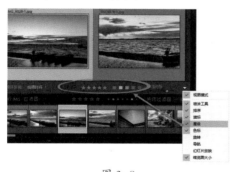

图 3-8

在照片显示区中，单击选中某张照片，然后将鼠标指针移动到工具栏的星标工具上，在第几个星的位置单击，就为照片添加了几个星的星标，如图 3-9 所示。例如，先选中某张照片，然后在工具栏中星标工具的 3 星位置单击，那么就为该照片标记了 3 星；如果要取消，在第 3 个星上再单击一次即可。

另外，对于尚未添加星标的照片来说，鼠标指针移动到照片上时，你会发现照片底部有 5 个小黑点，此处与工具栏中的星标工具一样，在某个黑点上单击，就可以为照片标记相应的星级，取消星标的方法也是再次单击对应位置。

图 3-9

星标是最常见的一种标记工具，几乎所有的后期工具都有星标功能。甚至数码单反相机也都内置了这种功能，让你拍完照片后就可以对照片添加星标，完成分类。在实际应用中，我们建议你不要将星标设置得过于复杂，只使用其中的两种或三种星标即可。

比如说，可以只设置 3 种星标：分别是 1 星、3 星和 5 星。其中，1 星代表留用而不删除，偶尔浏览一下作为纪念的照片；3 星代表准备处理的照片；5 星代表自己比较满意的、处理之后的照片。

为照片做好星标之后，在工具栏下方可以使用星标过滤器工具挑选照片。本例中我们设置 ≥ 4 星的过滤条件，就可以将图库中 4 星及以上星级的照片全都过滤出来，显示在照片显示区了，如图 3-10 所示。

图 3-10

Lightroom的同步与备份

1. Lightroom 的同步功能

Lightroom 软件的批处理功能非常强大，并且使用比较方便。在图库界面，在底部的照片缩略图浏览区中，按住 Ctrl 键选择多张要同时进行处理的照片，此时可以看到选中的照片已经呈现高亮显示，如图 3-11 所示。

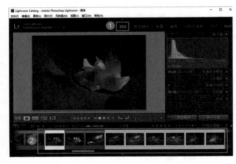

图 3-11

切换到修改照片界面，在右侧面板的底部，你会发现如图 3-12 左上图所示的那样，"同步"按钮左侧的滑块是处于下面的（关闭状态）。单击滑块上方的黑色区域，滑块移到上方，此时"同步"按钮变为"自动同步"，如图 3-12 所示。

"同步"按钮变为"自动同步"之后，

我们就可以对照片进行处理了。在基本、色调曲线、细节等面板内对照片进行处理，在处理过程中，你会从底部的照片缩略图浏览区中看到，我们选中的所有照片都同时发生了变化，如图 3-13 所示。也就是说，我们实现了对多张照片的一次性后期处理。

图 3-12

图 3-13

2. Lightroom 的备份功能

在对照片进行过处理，或对图库进行过管理之后，关闭 Lightroom 软件时，会出现警示框，如图 3-14 所示。这是 Lightroom 提醒你要备份目录，如果没有备份目录，那一旦目录丢失，会给你造成损失。但实际上，除非是非常专业的商业摄影项目，此处没有必要再单独备份，直接单击"本次略过"或"本周略过"就可以了。

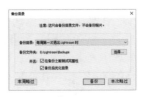

图 3-14

3.3　管理实操

Lightroom 与 Photoshop 互操作

1. Lightroom 中的色彩空间与位深度的设定

相比 Lightroom，Photoshop 在数码照片后期的深度处理方面更具优势，例如你可以在 Photoshop 中借助图层对照片进行一些局部的编辑和处理，可以对照片进行合成，还可以使用更加丰富的滤镜制作照片特效等。所以很多时候我们需要将在 Lightroom 中进行过初步处理的照片再导入 Photoshop，进行下一步的处理。照片的导入是非常简单的，但在导入之前要做好系统的一些配置。

在 Lightroom 工作界面，单击"编辑"菜单，在下拉菜单中选择"首选项"菜单项，会弹出"首选项"设置对话框，如图 3-15 所示。

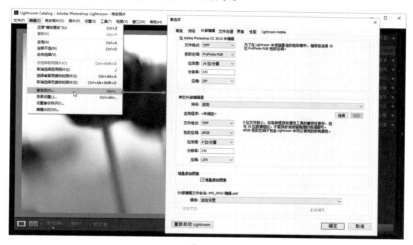

图 3-15

切换到第三个选项卡"外部编辑"。

在该选项卡中，文件格式有"TIFF"和"PSD"两个选项，其中 PSD 格式是 Photoshop 专用格式，这种格式可以存储 Photoshop 中所有的图层、通道、参考线、注解和颜色模式等信息，因此占用空间比较大，在进行处理时，数据的更新和运行都比较慢。TIFF 格式也可以存储图层、通道等照片信息，并且在通用性方面，TIFF 格式要远胜于 PSD 格式。所以在文件格式这里，建议设定默认的 TIFF 格式。

"色彩空间"和"位深度"是非常关键的两个选项。在开始设置之前，有以下 5 个问题需要你注意。

（1）相机菜单中有 sRGB 和 Adobe RGB 色彩空间的设定，那对 RAW 格式照片没有影响，只对 JPEG 格式照片产生影响。

（2）在 Lightroom 首选项中设定 ProPhoto RGB 色彩空间的意思是要将你的照片

在该色彩空间内进行处理，而不是说将照片自身的色彩空间转为 ProPhoto RGB。

（3）将位深度设定为 16 位后，文件所占的磁盘空间会增大，并且在导入 Photoshop 之后，有一些滤镜功能是无法使用的，因为 Photoshop 中的许多滤镜只支持 8 位深度的照片。

（4）此处的设定组合并不是绝对的，你偏好 Adobe RGB 色彩空间 +8 位深度的设定也没有关系，只要在后面的 Photoshop 中设定好对应的色彩空间就可以了。

（5）ProPhoto RGB 色彩空间 +16 位深度的设定，是针对 RAW 格式文件进行处理的最佳选择，如图 3-16 上图所示，对于 JPEG 格式文件则不是这样的。如果我们将要在 Lightroom 中处理的照片是 JPEG 格式照片，那就直接设定为 sRGB 色彩空间 +8 位深度的参数就可以了，如图 3-16 下图所示。

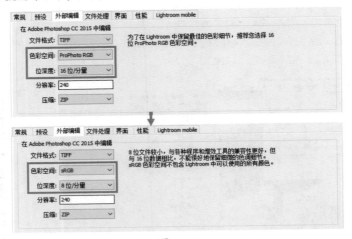

图 3-16

至于"分辨率"和"压缩"这两项的设定，则无关紧要，采用默认设定即可。一般情况下你是不会使用到这两个选项的。

2. Photoshop 中的对应设置

在 Lightroom 的"外部编辑"选项卡中，我们将色彩空间设定为 ProPhoto RGB，表示 Lightroom 要求用于 RAW 格式文件外部编辑的软件的色彩空间最好也是 ProPhoto RGB，所以我们先打开 Photoshop，将其工作色彩空间设定为 ProPhoto RGB。这样，Lightroom 与 Photoshop 的色彩空间就非常完美地对应起来了，文件从 Lightroom 传输到 Photoshop 时，就不会再出现颜色信息等的损失了。

具体操作时，单击 Photoshop 的"编辑"菜单，在弹出的下拉菜单中选择"颜色设置"菜单项，打开"颜色设置"对话框。在该对话框中，主要有 3 个地方需要单独设置。在"工作空间"区域中，将"RGB"后面下拉列表中的色彩空间选定为"ProPhoto RGB"；然后在下面的"色彩管理方案"区域"RGB"后面的列表中选择"保留嵌入的配置文件"；最后，勾选底部的 3 个复选项；其他选项保持默认即可，如图 3-17 所示。

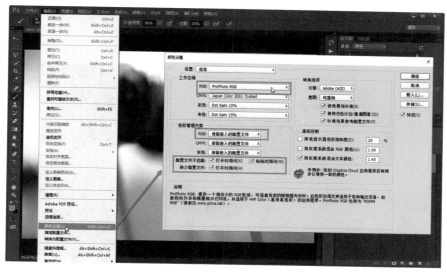

图 3-17

这 3 个选项的作用是什么呢？

（1）设置 ProPhoto RGB 色彩空间： 在 Photoshop 中进行该设定，确保与 Lightroom 的色彩空间对应起来。如果 Lightroom 要求外部编辑软件 Photoshop 的色彩空间，与 Photoshop 软件的色彩空间设置不对应，那在 Photoshop 中打开的照片颜色极有可能出现较大问题。例如，我在 Lightroom 设定要求外部编辑软件的色彩空间为 ProPhoto RGB，但 Photoshop 设定为 sRGB，那将照片从 Lightroom 传输到 Photoshop 时，就会出现警示框（在该警示框中，只有选择第一个单选项时，照片才不会偏色；选择另外两个单选项，都会出现照片偏色的问题，因为那会改变照片自身的色彩空间），如图 3-18 所示。

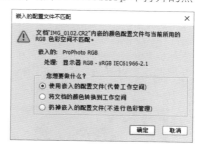

图 3-18

（2）保留嵌入的配置文件： 将照片导入 Photoshop 时，保留照片自身的色彩空间。一般情况下，针对 JPEG 等格式照片自身的色彩空间为 sRGB，在导入设定为 ProPhoto RGB 色彩空间的 Photoshop 时，要保留照片本身的 sRGB 色彩空间。如果不保留嵌入的配置文件，那导入照片时，软件会为照片强行套用 ProPhoto RGB 色彩空间，可能会出现较大的色彩偏差。

（3）勾选底部的 3 个复选项： 导入照片有问题时，勾选这些复选项可以及时出现系统的提醒。

3. 将照片传输到 Photoshop

在将 Lightroom 和 Photoshop 都设定好之后，就可以在这两款软件之间传输照片文件了。将照片文件从 Lightroom 导入 Photoshop 的操作是非常简单的，只要在工作区显示的照片上右键单击，就会弹出快捷菜单，在快捷菜单中选择"在应用程序中编辑"菜单项，最后在子菜单中选择"在 Adobe Photoshop CC 2015 中编辑"菜单项，如图 3-19 所示，这样就可以将在 Lightroom 中编辑过的照片传输到 Photoshop 了。

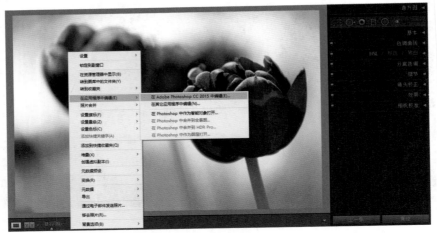

图 3-19

这里还有 3 个需要注意的地方。

（1）如果此时你没有启动 Photoshop，那系统会自动为你启动，并将 Lightroom 中的照片在 Photoshop 中打开。

（2）正常情况下，除 Photoshop 之外，不建议你将照片导入其他应用程序中编辑。

（3）我们在 Lightroom 中对照片进行了一定的处理，再导入 Photoshop 进行深度处理时，中间会弹出提醒对话框，如图 3-20 所示。在该对话框中，要选定第一个单选项。如果选定了后两个单选项，那导入 Photoshop 的照片是原照片，将丢失在 Lightroom 中进行的处理。这点从选项下面的说明文字也能看明白。

图 3-20

4. 退出 Photoshop，返回 Lightroom

　　将照片从 Lightroom 传输到 Photoshop，进行处理之后，关闭 Photoshop，系统会自动跳转回 Lightroom。在 Lightroom 底部的浏览窗格中，可以看到增加了经过 Photoshop 处理后的照片。例如，将原图 IMG_0099 传输到 Photoshop 中，进行处理之后关闭，照片就会自动返回到 Lightroom，并生成一个新的照片图标。图 3-21 中，左上角带 2/2 图标的照片是原照片，带 1/2 图标的为经过 Photoshop 处理并跳转回来的照片。

图 3-21

TIPS：

　　需要注意的是，从 Photoshop 返回的处理效果仅仅在 Lightroom 的数据库中存在，在磁盘空间上并没有处理后的照片存在。如果你想要获取处理后的实际照片，那需要将照片导出。

Lightroom 预设

1. 使用 Lightroom 预设，简化修片流程

　　后期修片时，用户对照片的处理往往是有一定规律可循的，大多都要对照片的明暗影调、色彩、锐度等进行优化，并且通常的选择是适当提高对比度、提高锐度、提高色彩饱和度。根据以上规律，Lightroom 将一些常见的处理思路和步骤整合在一起，作为预设集成到预设功能模块中。打开一张未经处理的原始照片后，可以直接调用预设，然后查看照片效果。如果经过预设处理后的照片效果比较理想，那就可以跳过手动调整的操作，让你高效地完成修片过程。而如果使用预设后的照片并不够理想，那可以在预设的基础上再在右侧面板中微调参数，修复预设带来的瑕疵，这样操作也能简化修片流

程，提高修片效率。

在修改照片界面的左侧面板中，可以看到"预设"面板，如图 3-22 所示。

图 3-22

在"预设"面板中，有非常多的预设效果。笔者比较喜欢用的有面部常规预设中的锐化、自动调整色调、中对比度曲线等几种，以及颜色预设中的正片风格预设。对于一般的风光题材照片，通常使用正片风格预设再加上几种常规预设就可以了。针对原始照片，先使用正片风格预设，模拟胶片的拍摄效果，让画面的对比度更理想，让色彩更浓郁；接下来在常规预设中设定"自动调整色调"；最后使用"锐化 – 风景预设"，这样照片画面的效果就漂亮了很多。此时在右侧面板中，我们可以看到使用预设时，各种参数是会发生变化的。如图 3-23 所示。

图 3-23

　　需要说明的是，如果你不想使用预设来进行照片处理，那在常规预设列表的中间位置，有置零的选项，单击该选项即可将使用过的预设清除，将照片效果还原为未使用预设时的效果。

　　使用预设，可以让照片效果变得远好于原始画面，但有时还不够。本例的照片在使用预设之后，色彩及影调仍然让人感觉不够明快，这时在右侧的"基本"面板中，我们可以手动调整一些参数，改善画面效果，如图 3-24 所示。

　　总而言之，后期修片时，直接套用 Lightroom 内置的一些预设，初步得到相对较好的照片效果，然后微调一些相关参数，得到最终的照片效果，这样能让修片流程得到极大的简化。

图 3-24

2. 手动制作并使用自己的预设

　　如果摄影师对预设的效果并不满意，或者是拍摄的照片并不适合使用 Lightroom 内置的预设，那可以自己制作预设来进行高效的处理。2013 年 7 月，我在内蒙古的锡林郭勒草原拍摄了大量的照片，在对这组照片使用内置预设时，发现效果不够理想，总是在使用内置预设后还要多次进行微调，比较麻烦。因此我创建了自己的预设，应用于大量同类型的照片时，可以一步到位地得到大量效果比较理想的照片，而不需要在套用内置预设后再对照片进行微调，这样最终修片的效率更高。

　　针对草原的这组照片，打开后我并没有使用任何内置的预设，而是直接对照片的白平衡、明暗影调、色彩等进行了合适的处理，原照片及处理后的照片效果如图 3-25 所示（在右侧的面板中你可以看到我对照片进行了大量调整）。

　　此时，打开左侧的"预设"面板，在预设标题后面单击"新建预设"（即＋号）按钮，会弹出"新建修改照片预设"对话框，在该对话框中单击"全选"按钮，这样可以确保不会遗漏对照片所做的任何一项修改。然后单击"创建"按钮，接下来在弹出的命名对话框中将自制预设命名为"达达线"，如图3-26所示。这样在"预设"面板的"用户预设"
中就生成了名为达达线的自制预设。到此，针对草原的这组照片的预设就建立好了。

图 3-25

图 3-26

　　这样，在对曝光、色彩等设定都相差不大的照片进行处理时，就不必再一张一张进行处理了，可以直接调用自制预设一步到位完成后期操作。在底部的照片缩略图浏览区中选中要处理的同类照片，照片显示区会以大图显示这张照片，如图 3-27 所示。

图 3-27

　　在左侧展开"预设"面板，在其中选择"达达线"预设，此时你可以发现之前选中的原始照片已经被套用自制预设，效果就变得非常理想了，整个过程非常快捷。最终的效果如图 3-28 所示。

　　自制预设可以帮助用户更加高效地处理大量的同类照片，让后期修片工作变得轻松快乐。

图 3-28

第 4 章

Photoshop 的基本调修技巧

本章讲解 Photoshop 的一些基本操作，并介绍二次构图的相关知识，最后讲
解照片最基本的明暗与色调初步调整技巧。

4.1　基础操作

照片载入与浏览设定

从 Photoshop CC 2017 开始，Photoshop 启动后的初始界面就发生了变化。与以前所有的版本启动后直接进入工作区不同，新版本增加了一个开始界面，在这个界面中集成了打开、最近打开的文件、新建这 3 个按钮，用户直接单击这几个按钮就可以打开新照片，或是打开之前处理过的照片，或是新建一个空白文档等。

新增加的这个开始界面对新用户来说没有影响，直接从零开始学习就可以；老用户可能感觉不适应，那没有关系，可以在"首选项"设定中将这个界面永久关闭（本章的倒数第 2 节就会介绍）。

打开 Photoshop 后，我们有两种方式载入要处理的照片。一种方式是在"文件"菜单中选择"打开"菜单命令，找到要处理的照片，打开即可；当然，因为 2017 版新增了开始界面，直接在开始界面中单击"打开"按钮，也可以实现相同的效果。使用"打开"命令或按钮载入照片的过程如图 4-1 所示。

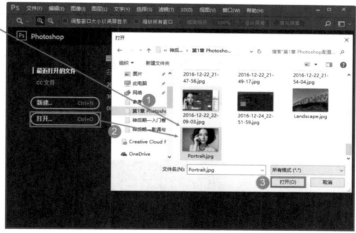

图 4-1

另一种方式是直接拖动，对计算机比较熟悉的用户，或是 Photoshop "老司机"通常都通过这种方式来载入照片，这样操作快捷、简单。只要在文件夹或是 QQ 等网络应用中，将照片拖动到打开的 Photoshop 界面中即可，如图 4-2 所示，然后照片就会自动在 Photoshop 中打开了。

Photoshop 支持多任务工作，即我们可以同时打开多张照片，分别进行处理。打开多张照片后，照片的标题栏会并列显示在工作区的上方，下面的工作区中只会显示一张照片的内容，即标题处于亮显状态的照片，如图 4-3 所示。如果想要显示其他照片，那只需单击相应照片的标题栏就可以了。

　　向下拖动标题栏
会让照片离开工作
区边缘，变为浮动状
态，如图4-4所示。
让照片处于浮动状
态，用户可以同时看
到多张照片的内容，
快速定位到想要的
照片；不足之处是这
样 Photoshop 的工
作区就会显得比较
乱。处于浮动状态的
多张照片，只有最上
层的照片是处于激
活状态的，此时如果
对照片进行处理，那
处理对象就是这张
处于最上层的照片。

　　向工作区边缘拖
动浮动状态的标题
栏，待出现蓝色的边
框时才松开，就可以
让照片再次停靠在
工作区上，如图4-5
所示。一般情况下，
我们同时打开多张
照片时，可能需要让
照片处于浮动状态，
便于快速找到想要
的照片；如果仅打开
2~4张照片进行处
理，则基本上不需要
这样操作。

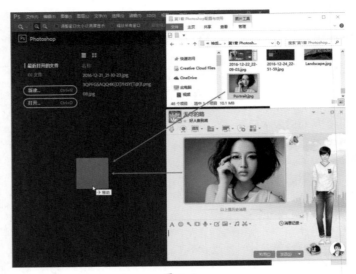

图 4-2

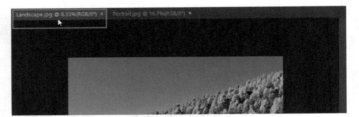

图 4-3

图 4-4

图 4-5

在 Photoshop 中打开的照片，其视图总是会被缩小以适应软件界面，这样用户就无法直接观察到照片中某些细节。在工具栏中选择"缩放工具"，然后在上方的选项栏中选择放大或是缩小，就可以对照片视图进行放大或缩小预览了，如图 4-6 所示。而在工作区底部的状态栏中，则会显示当前我们将照片放大或缩小的比例，图 4-6 中照片的比例放大前为 16.67%，放大后变为 25%，这种放大对照片尺寸不会产生影响，只是照片视图比例的大小缩放，便于用户观察。

图 4-6

这里你需要记住一个操作技巧：假如我们选择放大工具，在照片上单击就可以放大照片视图；此时如果按住 Alt 键，你会发现鼠标指针已经变为缩小工具图标，单击就可以缩小照片视图了。

下面来看照片浏览的另一个好用的技巧：如果打开了某种调整框，如图 4-7 所示，此时你会发现已经无法再使用缩放工具对照片进行缩放了，非常不方便；此时可以按住 Ctrl 键，再按 + 键，放大照片视图；按住 Ctrl 键后再按 - 键，则可以缩小照片视图。

图 4-7

TIPS:将照片视图一键调整到适应工作区视图的大小

　　使用缩放工具或是快捷键，多次操作后可以将照片视图缩放到适应工作区视图的大小，就如同图 4-7 中照片正好填满工作区那样，但这样操作毕竟还是有些麻烦的。如果直接按 Ctrl+0 组合键，则可以一步到位，将照片视图直接调整到适应工作区视图的大小。

照片存储与压缩级别

　　一旦对照片进行过改动，照片的标题最后就会出现一个 * 号，表示照片处于改动后且未保存的状态，如图 4-8 所示。从图中可以看到，名为"Landscape"的照片标题最后没有 * 号，表示该照片此时为原始状态没有改动，或是已经对改动进行了保存；而名为"Portrait"的照片已有改动，且没有保存。

　　保存照片时，最简单的方法是按 Ctrl+S 组合键，这与"文件"菜单中"存储"命令的功能是一样的。但事实上在

图 4-8

保存照片时，我们往往不会使用这个命令，因为这个菜单命令会将照片直接存储并覆盖原照片，丢失原照片显然不是大多数人想要的结果。

　　正常来说，建议使用"存储为"菜单命令进行修改后照片的存储，执行该命令后会弹出"另存为"对话框，在该对话框中，如果不修改文件名，那么照片会替换原有文件，与直接存储的菜单命令几乎没有差别（当然，在这样存储时，系统会提示是否替换原文件）。大部分情况下，建议对文件名进行修改，例如可以改为"原文件名 –1"的形式，这样可以在保留原始文件的前提下，保存好处理后的文件，如图 4-9 和图 4-10 所示。

图 4-9

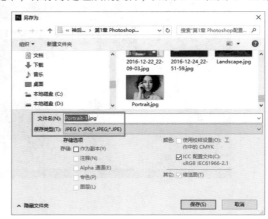

图 4-10

如果没有印刷、冲洗等特别的要求，那在保存照片时，将其保存为 JPEG 格式就可以了。

在"另存为"对话框中单击"保存"按钮后，就会弹出"JPEG 选项"对话框，在这个对话框中你需要对照片的压缩级别（品质）进行设定。在"JPEG 选项"对话框中间，可以看到品质选项，其后的品质有 0~12 一共 13 个压缩级别，其中 0~4 为高压缩级别，对照片进行高度压缩后，画质就会严重下降，对应的画质为低；5~7 级压缩对应的画质为中等；8~9 级压缩对应的画质为高；10~12 级压缩对应的画质为最佳，这表示对照片的压缩程度并不高，相应的照片画质也就比较高了。图 4-11 所示为照片压缩的 4 个档次 13 个级别。

图 4-11

勾选对话框右侧的"预览"复选项，可以看到经过不同程度压缩后的照片大小，压缩程度很高的品质 3 对应的照片大小为 544.6KB，压缩程度很低的品质 10 对应的照片大小变为 5.2MB。

TIPS:根据用途来设定照片的压缩级别

> 如果我们只是在网络上分享和浏览照片，可以高度压缩照片，将其品质降低到中或低均可；但如果我们的照片有印刷、喷绘、打印等要求，则不应该对照片进行高度压缩，最好将照片品质保存为最佳。

与上面的照片品质压缩不同，还有一种俗称的照片压缩，是指照片尺寸的压缩。具体来说，上面的照片品质压缩不会改变照片尺寸，改变的是照片像素的编码方式；而另外一种照片尺寸压缩，是指改变照片尺寸，以符合不同场景的使用需求，需要在 Photoshop 菜单中对尺寸进行缩小，如图 4-12 所示。

具体调整时，如果保持默认直接改变宽度值或高度值，那另外一个值也会按比例调整，比如将宽度值改为 1000 像素，那高度值就会变为 667 像素，确保照片的宽高比例不变。单击尺寸前面那个锁链形状的图标就可以取消宽高比限制（再次单击就可以恢复限制），然后就可以随心所欲地改变照片的宽度值和高度值了，比如我们将一张照片的尺寸调整为 120 像素 ×120 像素，以符合证件照的尺寸要求等，如图 4-13 所示。（当然，改变宽高比时要注意不要让照片人物等变形，这可以通过提前裁剪，然后改变尺寸来实现。）

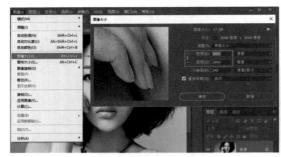

图 4-12　　　　　　　　　　　　　　　　　　图 4-13

摄影界面的面板使用技巧

作为初学者，必须认真阅读下面并不算多的一些内容，因为这会涉及在最初使用 Photoshop 时遇到的一些简单问题。对 Photoshop 工作界面有一定了解，并学会一定的操作技能，对后续的学习会有很大帮助。

如前所述，第一次启动 Photoshop CC 2017，你可能会发现其界面与图书、视频教程中见到的授课老师的软件界面不一样，会载入开始界面，而对于数码摄影后期的用户来说，首先应该配置摄影界面。在 Photoshop 主界面右上角，单击向下的指向箭头，打开下拉列表，在其中选择"摄影"，即可将界面配置为适合摄影后期用户的摄影界面，如图 4-14 所示。

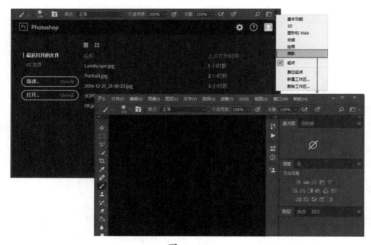

图 4-14

此时，我们打开一张或多张照片，会看到工作区显示照片，而右侧的面板中会显示一些具体的照片信息，如"直方图"面板、"图层"面板等都包含了大量信息，方便摄影师对照片进行后期处理，如图 4-15 所示。

在摄影界面中，默认显示了"直方图""导航器""库""调整""图层""通道"

和"路径"这 7 个面板，图 4-15 中显示的是处于激活状态的"直方图"面板和"图层"面板，其他面板处于收起的状态。

图 4-15

将软件界面配置为摄影后，接下来可以进行一些具体的操作和设置。比如，想要将某个面板移动到另外一个位置，那只要拖动该面板的标题即可移动该面板，如图 4-16 所示。这样，就可以从折叠在一起的面板中将某一个面板单独移走，图 4-16 中即将"直方图"面板、"图层"面板移动到其他位置，使这两个面板处于浮动状态。

注意，从某个面板组中拆出某个面板时，要拖动该面板的标题，如果拖动标题旁边的空白，则会移动面板组。

图 4-16

如果要将处于浮动状态的面板复原，那也很简单，拖动该面板的标题回到 Photoshop 主界面右侧的面板组，待出现蓝色的停靠指示后释放鼠标左键，就可以将浮动面板停靠，将多个面板折叠在一起了，如图 4-17 所示。

如果使用"图层"面板的频率远高于该面板组中的其他两个面板，那就左右拖动该面板标题，改变面板的排列次序，如图 4-18 所示。

　　有些很少使用甚至从来不用的面板，比如"库"面板，那就可以将其关掉，使其不显示在工作界面中。具体操作时，右键单击"库"面板的标题，在弹出的菜单中选择"关闭"命令，就可以将该面板关掉，如图 4-19 所示。

图 4-17

图 4-18

图 4-19

　　如果将所有的面板都逐个关掉，那 Photoshop 软件界面就会变窄，如图 4-20 左上图所示。如果要再次打开某些被关掉的面板，或是打开一些新的面板，只要在"窗口"菜单中选择具体的面板名称就可以。如图 4-20 右下图所示，在"窗口"菜单中选择"调整"命令，可以发现在软件界面右侧打开了"调整"面板。当然，这种方式也可以用于关闭已经打开的面板，再次在菜单中选择"调整"就可以将打开的"调整"面板关掉。

图 4-20

　　对 Photoshop 不甚了解的初级用户，一段时间后可能会很苦恼，发现自己的软件界面突然发生了变化，找不到某些自己常用的功能面板了，或是某些自己常用的面板发生了变化，不再固定在右侧了，而是变为悬浮状态，非常散乱。这都没有关系，只要在主界面右上角打开界面配置的下拉列表，选择"复位摄影"命令，即可将发生混乱的工作界面恢复为初始状态，如图 4-21 所示。

　　无论怎样"折腾"Photoshop 的工作界面和功能面板，只要掌握了操作和复位的方法，一切就都不是问题。

　　整体上来看，Photoshop 的工作界面是很友好的，赋予了用户非常大的自由度，让用户可以根据自己的工作需求、使用习惯和个人偏好随意设置功能面板的开关和展示形态。

图 4-21

4.2　二次构图

　　构图，简单地说就是摄影者通过相机取景器将现实中的一个或多个事物在画面中进行组合的工作，构图的思考方法和构图行为的优劣对照片能否表现出摄影者的意图有着重要的影响。通过相机取景器的边框在拍摄时对被摄对象进行构图是"一次构图"。

　　在实际的创作过程中，"一次构图"往往会受到相机的画幅、镜头的焦距、拍摄的角度、摄影者的站位、与被摄对象之间的距离等一些客观情况的影响，无法满足每一个摄影场景的需求，也无法每次都能让摄影者获得最佳画面。那么这时就需要通过对照片进行"二次构图"（即对照片进行裁切，得到更合理的构图效果）来获得满意的画面。

　　进行"二次构图"并不意味着摄影者的水平糟糕，二次构图可以帮助摄影者进行二度创作，将作品的主题与画面语言表达得更加有力。对一张张照片进行审阅，思考如何进行"二次构图"，恰恰体现了摄影者对作品的态度，也体现了摄影者的美学素养。

通过裁掉干扰让照片变干净

如果照片中，特别是画面四周有一些干扰，比如说明显的机械暗角、干扰的树枝、岩石等，它们会分散观者的注意力，影响主体的表现力，这时可以通过最简单的裁剪方法将这些干扰裁掉，实现让主题突出、画面干净的目的。

如图 4-22 所示，打开原始照片，可以看到照片的四周有一些比较"硬"的暗角，如果通过镜头校正等方案进行处理，暗角的消除可能不是特别自然，这时可以借助裁剪工具，将这些干扰消除掉。

图 4-22

如图 4-23 所示，在 Photoshop 中打开原始照片，可以看到左上和右上的暗角以及左下和右下的干扰，选择"裁剪工具"，在上方的选项栏中设定原始比例，直接在照片中拖动裁剪就可以确定要保留的区域，确定好之后，单击右上方的"√"按钮，即可完成裁剪；也可以把鼠标指针移动到保留区域内，双击鼠标左键完成操作。

图 4-23

让构图更紧凑

　　有时候拍摄的照片四周可能会显得比较空旷，除主体之外的区域过大，这样会导致画面显得不够紧凑，有些松散，这时同样需要借助裁剪工具来裁掉四周的不紧凑区域，让画面显得更紧凑，主体更突出。

　　在 Photoshop 中打开原始照片，如图 4-24 所示，可以看到要表现的主体是长城，四周过于空旷的山体分散了观者的注意力，让主体显得不够突出，可以在工具栏中选择"裁剪工具"，设定原始比例，确定裁剪之后，如果感觉裁剪的位置不够合理，还可以把鼠标指针移动到裁剪边线上并进行拖动，改变裁剪区域的大小。

图 4- 24

　　也可以把鼠标指针移动到裁剪区域的中间位置，拖动可以移动裁剪框，如图 4-25 所示。

图 4-25

切割画中画：一图变多图

有些场景中可能不止一个拍摄对象具有很好的表现力，如果大量的拍摄对象都具有很好的表现力，这时可以进行画中画式的二次构图，所谓画中画式的二次构图是指通过裁剪只保留照片的某一部分，让这些部分单独成图。

如图 4-26 所示，这张照片中，场景比较复杂，所有建筑一字排开，仔细观察可以发现，某些局部区域可以单独成图，下面来尝试画中画式的二次构图。

图 4-26

在 Photoshop 中打开原始照片，在工具栏中选择"裁剪工具"，在选项栏中打开"比例"下拉列表，可以看到不同的裁剪比例，有 1：1、2：3、16：9 等，也可以直接选择原始比例，保持原有照片的比例不变。如果选择比例而不选择原始比例或特定的比例值，就可以任意选定宽高比；如果设定 3：2 的比例，此时是横幅构图，想要改变为 2：3 的竖幅构图，还可以单击后方文本框中间的"交换"按钮，这样就可以将横幅变为竖幅；如果想要清除特定的比例，单击右侧的"清除"按钮即可，如图 4-27 所示。

图 4-27

这里设定 2:3 的宽高比。2:3 是当前相机主流的一种照片宽高比，设定这种比例时，大多数情况下是与原始比例一致的，直接拖动裁剪就可以了，如图 4-28 所示。

图 4-28

这里想将构图裁剪为横幅，单击 2:3 比例中间的"交换"按钮可以改变裁剪线的横竖幅，如图 4-29 所示，再移动裁剪区域到想要的位置，即可完成二次构图的裁剪。

图 4-29

封闭变开放构图

所谓封闭式构图是指将拍摄的明显主体对象拍摄完整，这种比较完整的构图会给人一种非常完整协调的心理感受，让观者知道我们拍摄的是一个完整的景物，但是这种构图也有一个劣势——画面有时候会显得比较平淡，缺乏冲击力。面对这种情况，可以考虑将封闭式构图通过裁剪保留局部，变为开放式构图，只表现照片的局部，这种封闭变开放的二次构图会让得到的照片画面变得更有冲击力，给人更广泛的、话外有话的联想。在花卉题材中，这种二次构图方式比较常见。

原照片重点表现的是整个花朵，如图 4-30 所示。

通过裁剪之后，这种开放式构图会让人联想到花蕊之外的花朵区域，视觉冲击力更强，如图 4-31 所示。

图 4-30 图 4-31

校正水平与竖直线

二次构图中有关于照片水平的调整是非常简单的，下面通过一个具体的案例来看。

这张照片虽然整体上还算协调，但如果仔细观察，会发现远处的水平面是有一定倾斜的，如图 4-32 所示。

选择"裁剪工具"，在上方选项栏中选择"拉直"工具，沿着远处的天际线向右拖动，注意一定要沿着水平线拖动，拖出一段距离之后松开鼠标左键，此时裁剪线会包含一部分照片之外的区域，如图 4-33 所示。

图 4-32

图 4-33

　　在上方选项栏中勾选"内容识别"，这样四周包含进来的空白像素区域会被填充，然后单击选项栏右侧的"√"按钮，如图 4-34 所示。

图 4-34

　　经过等待之后，画面四周会被填充起来，按 Ctrl+D 组合键取消选区，就可以完成对这张照片的校正。

变形或液化局部元素

　　下面介绍通过变形或液化调整局部元素来强化画面视觉中心，或是改变画面构图的二次构图技巧。

如图4-35所示，这张照片是意大利多洛米蒂山区三峰山的场景，画面给人的整体感觉还是不错的，但是山峰的气势显得有些不足，可以通过一些特定的方式来强化山峰。在调整之前，首先按Ctrl+J组合键复制一个图层出来，在工具栏中选择"快速选择工具"，在照片的地景上拖动，可以快速为整个地景建立选区。

图 4-35

打开"编辑"菜单，选择"变换"→"变形"命令，如图4-36所示，出现变化线之后，将鼠标指针移动到中间的山峰上，向上拖动，如图4-37所示，这时选区内的山体部分被拉高，山峰的气势就出来了。

图 4-36

完成山峰的拉高之后，按 Enter 键完成处理，再按 Ctrl+D 组合键取消选区即可，这样就完成了山峰局部的调整。

在本案例操作之前进行了图层的复制，这是为了避免出现穿帮和瑕疵所做的提前准备，如果没有出现穿帮和瑕疵，复制图层的这个过程就没有太大作用。

图 4-37

通过变形完美处理机械暗角

之前已经介绍过，如果照片中出现了非常硬的机械暗角，可以通过裁剪的方式将这些机械暗角裁掉，但如果画面的构图本身比较合适，裁掉周围的机械暗角，会导致画面的构图过紧，所以不能采用简单的裁剪方法，下面介绍一种通过变形来完美处理机械暗角的技巧。

在 Photoshop 中打开要处理的照片，四周的暗角是非常明显的。

按 Ctrl+J 组合键，复制一个图层，选择上方新复制的图层，打开"编辑菜单"，选择"变换"，选择"变形"命令，如图 4-38 所示。

将鼠标移动到照片 4 个角上，向外拖动，这样可以将暗角部分拖出，如图 4-39 所示，显示使之位于画面之外，如果照片中间主体部分没有较大的变形，就可以直接按 Enter 键，再按 Ctrl+D 组合键取消选区，完成照片的处理。

如果中间的主体部分也发生了较大的变形，会影响表现力，可以为上方创建的图层，创建一个黑蒙版，再用白色画笔将四周进行的变换擦拭出来。这是相对比较复杂的应用，不明白的读者可以学习有关蒙版的技巧。如果需要借助黑蒙版进行调整，就能够显示出提前复制图层所起到的作用。

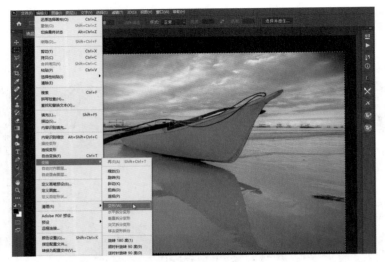

图 4-38

图 4-39

4.3　明暗与色调

白平衡调整

　　如果相机的设定有问题，那可能会造成色彩的严重失真。这大多数是由相机白平衡设定错误引起的，对白平衡的调整，是数码后期非常重要且要优先处理的一个环节。接下来我们将从最浅显的原理开始介绍白平衡及色温的概念，最后介绍白平衡调整的原理及操作技巧。

先来看一个实例： 将同样颜色的蓝色圆分别放入黄色和青色的背景中，然后来看蓝色圆给人的印象，你会感觉到不同背景中的蓝色圆色彩是有差别的，而其实它们是完全相同的色彩。为什么会这样呢？这是因为我们在看这两个蓝色圆时，分别以黄色和青色的背景作为参照，所以感觉会发生偏差，如图 4-40 所示。

通常情况下，人们需要以白色为参照物才能准确辨别色彩，如图 4-41 所示。红、绿、蓝 3 色混合会产生白色，然后这些色彩就是以白色为参照才会让人们分辨出其准确的颜色的。所谓白平衡就是指以白色为参照来准确分辨或还原各种色彩的过程。如果在白平衡调整过程中没有找准白色，那么还原的其他色彩也会出现偏差。

换句话说，无论是人眼看物或是相机拍照，都要以白色为参照才能准确还原色彩，否则就会出现人眼无法分辨色彩或是照片偏色的问题。

图 4-40

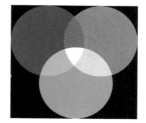

图 4-41

在 Photoshop 中打开要进行白平衡调整的照片，可以看到当前的这张照片整体是偏暖的。首先创建曲线调整图层，如图 4-42 所示，在打开的曲线调整面板左侧可以看到 3 个吸管，中间的就是用于白平衡调整的吸管，如图 4-43 所示。

图 4-42

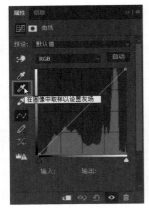

图 4-43

单击选中中间的吸管之后，将鼠标指针移动到照片中人物面部皮肤上，单击可以看到照片变冷，整体偏青蓝色，如图 4-44 所示，这是因为我们单击取样的位置是暖色调，我们单击取样，就相当于告诉软件以此为标准进行色彩还原，但当前的位置是偏暖的，因此软件就会让色调向冷色调方向偏移，以便让我们取色的位置变为不偏色的状态，画面整体就会偏冷。

图 4-44

如果我们在照片中偏冷色调位置单击取样，软件就会让色调向暖色调方向偏移，如图 4-45 所示，同样无法得到准确的色彩还原，要进行比较准确的白平衡调整，需要我们在照片中查找中性灰位置，也就是没有色偏的位置，一般在比如说白色的衣物、黑色的头发、灰色的水泥地等位置进行单击取样，告诉软件这是中性、没有色彩的像素，那么软件会以此为标准进行色彩还原，从而调整照片的冷暖，让照片还原出准确的色彩。

图 4-45

　　在图中我们标注出一些可以用于白平衡调整的位置，单击这些位置就可以对照片进行较为准确的色彩调整，如图 4-46 所示。

　　调整之后，我们可以对比调色前后的画面效果，可以看到原照片整体偏暖，如图 4-47 所示，调整之后色彩趋于正常，如图 4-48 所示。

图 4-46

图 4-47

图 4-48

除可以在 Photoshop 中进行白平衡调整之外，我们也可以在 ACR 中进行白平衡调整。具体操作时，进入 ACR，在"基本"面板中"白平衡"选项右侧单击选中吸管工具，也就是白平衡工具，然后在照片中寻找中性灰位置进行单击，就可以对画面进行白平衡调整，如图 4-49 所示。这种调整的根本原理也是通过色温与色调的变化来实现的照片色彩调整。

图 4-49

　　前文我们介绍的白平衡调整方法，其核心就是要找到中性灰，而对于中性灰的查找，根据我们的认知，比如说有些地面、金属、墙体等本身就是灰色的，这是常识。在进行白平衡调整时找这些点就可以了。灰色吸管单击就可以进行一次白平衡调整，如果发现无法实现准确校色，那很简单，按 Ctrl+Z 组合键撤销（之所以这里要求撤销操作，是让照片恢复到原始状态，便于用户再次观察中性灰的点。如果不撤销操作直接用吸管进行操作，对最终的校色效果是没有影响的，但不便于观察）。

　　如果照片中没有很理想的中性灰位置，或是我们选择的位置仍然有一些问题，那校色后的效果便不能令人完全满意，这时依然可以在"基本"面板中对"色温"和"色调"值进行微调，让照片的色彩变得更加准确、漂亮。

曝光

　　大多数情况下，在"基本"面板中，可用第一个选项"曝光"来调整画面整体的明暗。打开照片之后，观察照片的明暗状态，如果感觉照片偏暗，那么可以提高"曝光"值，稍稍提亮照片；反之，则降低"曝光"值，压暗照片。

　　如图 4–50 所示，对于本照片来说，画面整体是有一些偏暗的，所以提高"曝光"值，提高的幅度不宜过大。观察上方直方图波形可以看到，提高"曝光"值之后，直方图的中心位置向右偏移了一些。

图 4–50

高光与阴影

　　"曝光"值改变的是照片整体的明暗，但局部仍有一些明暗状态可能不是很合理，细节的显示不是太理想，那这时可以通过调整"高光"和"阴影"的值，来进行局部的改变。本照片中，太阳周边亮度过高，那么可以降低"高光"值，这样可以恢复照片亮部的细节和层次。对于背光的暗部，同样丢失了细节和层次，因此提高"阴影"值，可以看到背光的山体部分显示了细节，如图4-51所示。

图 4-51

白色与黑色

"白色"与"黑色"这组参数和"高光"与"阴影"这组参数有些相似，但这两组参数之间有明显差别，"白色"与"黑色"对应的是照片最亮与最暗的部分，只有"白色"足够亮，"黑色"足够暗，才能够让照片变得更加通透，看起来效果更加自然，影调层次更加丰富。通常情况下，在降低"高光"的值与提高"阴影"的值之后，要适当地轻微提高"白色"的值，降低"黑色"的值，让照片最亮与最暗的部分变得合理起来。比较理想的状态是，"白色"的亮度达到255，"黑色"的亮度达到0，这样照片会变得更加通透，影调层次更加丰富，如图4-52所示。

图 4-52

在改变"白色"与"黑色"的值时，可以先大幅度提高"白色"的值，此时观察直方图右上角的三角标，待三角标变白之后，在直方图框中单击该三角标。可以看到，高光溢出的部分会以红色色块的方式显示，这表示警告高光出现了严重溢出，如图 4-53 所示。

图 4-53

之后再次单击右上角的滑块，取消高光显示，然后向左拖动"白色"滑块以追回损失的亮部细节层次。如果是暗部细节损失，则需要向右拖动"黑色"滑块。这里只演示白色部分的溢出情况，黑色部分的不再演示，其原理是一样的，如图 4-54 所示。

图 4-54

对比度

　　对于"基本"面板中的调整，通过之前的 5 个参数，已将照片基本调整到位。第六个参数是"对比度"。通过对比度的调整，可以让原本对比度不够的画面变得反差更加明显，画面更加通透，影调层次更加丰富。如果反差过大，则需要降低"对比度"的值。很多初学者在调整"对比度"时可能存在一个误区，往往要大幅度提高"对比度"的值，加强反差，大部分情况下这没有问题。但如果类似本画面这种逆光拍摄的大光比场景，经常需要适当地降低"对比度"的值，降低反差，让画面由亮到暗的影调层次过渡变得更加平滑。一般来说，无论提高还是降低"对比度"的值，幅度都不宜过大，否则容易让画面出现失真的问题，如图 4-55 所示。

图 4-55

第 5 章

选区的概念及应用

照片的后期处理除全图的调整之外，可能还需要进行一些局部的调整，那么局部调整如果有选区的帮助，后续的操作会更加方便。

5.1 选区的概念与基本选区工具

选区与选区的反选

　　所谓选区，是指选择的区域，在软件中它会以蚂蚁线的方式将区域选择出来，可以看到选择的区域四周有蚂蚁线。这张照片中我们选择的是天空，那么天空周边就出现了蚂蚁线，如图5-1所示。

　　如果此时要选择地景，那么没有必要再用选择工具对地景进行选择，可以直接打开"选择"菜单，选择"反选"命令，如图5-2所示。

　　这样可以看到，通过这种反向选择，就选择了原选区之外的区域，即选择了地景，如图5-3所示。

图 5-1

图 5-2

图 5-3

"矩形选框工具"与"椭圆选框工具"

　　建立选区要使用选区工具，选区工具主要分为两大类，一类是几何选区工具，另一类是智能选区工具。

　　先来看几何选区工具，在工具栏中打开"矩形选框工具"组，这组工具中有"矩形选框工具"和"椭圆选框工具"两种工具，这两种工具主要应用在平面设计中，摄影后期中的使用频率比较低，但是借助这两种工具，可以让我们更直观地理解选区的一些功能。本例中选择"矩形选框工具"，然后在照片中拖动，就可以创建一个矩形的选区，如图 5-4 所示，也就是建立了一个几何选区。

　　如果按住 Shift 键进行拖动，则可以拖出一个正方形的选区。如果选择的是"椭圆选择工具"，那么按住 Shift 键拖动时，建立的就是一个圆形选区，如图 5-5 所示。

图 5-4　　　　　　　　　　　　　　　　　图 5-5

"套索工具"与"多边形套索工具"

　　对于几何选区工具，在摄影后期处理中使用更多的是"套索工具"和"多边形套索工具"，如图 5-6 所示。

　　如果要使用"多边形套索工具"，选择该工具之后，在照片工作区单击会创建一个锚点，然后选区线会始终跟随鼠标，移动到下一个锚点之后单击，再创建一个锚点。创建多个锚点之后，如果鼠标指针移动到起始位置，那么鼠标指针右下角会出现一个圆圈，如图 5-7 所示，表示此时单击可以闭合选区，最终建立以蚂蚁线为标记的完整选区。

图 5-6　　　　　　　　　　　　　　　　　图 5-7

　　如果要取消某个锚点，那么按 Delete 键，就可以取消最近的一个锚点。

　　至于"套索工具"，则需要像画笔一样按住鼠标左键进行拖动，手绘选区。

5.2 选区的布尔运算

默认状态下我们建立选区时会发现，在工作区中只能建立一个选区，如果我们要进行多个选区的叠加，或是从某个选区中减去一片区域，那么就需要使用选区的布尔运算。所谓选区的布尔运算，是指我们选择选区工具之后，在选项栏中选择的不同的加减运算方式。本例中我们先要为地景建立选区，那么建立选区之后，可以看到选区的边缘部分并不是特别准确，有一些边缘不是很规则的区域被漏掉了，如图5-8所示。

图 5-8

这时就可以通过上方的"从选区减去"或是"添加到选区"这两种不同的运算方式来调整选区的边缘，如图5-9所示。

具体操作时，在工具栏中选择"多边形套索工具"，选择"添加到选区"这种布尔运算方式，如图5-10所示。

在选区的边缘创建选区，将漏掉的部分包含进我们创建的这个较大选区之内。完成选区建立之后，我们就将这些漏掉的部分添加到选区之内，如图5-11所示。

这里要注意，用"多边形套索工具"建立选区时，包含大量原本在选区之内的区域，甚至包含大量照片选区之外的区域，这是没关系的，因为原本的选区之内的部分，即便我们再添加到选区也不会受影响，那么像素区域之外的区域，即便我们建立选区，因为没有像素也不会受影响，只要确保漏掉的部分包含在我们添加的区域即可。

图 5-9

图 5-10

经过这种调整就可以看到，选区边缘变得更准确了，如图 5-12 所示，这就是选区的布尔运算。

图 5-11

图 5-12

5.3　智能选区工具的用法

如何使用"魔棒工具"

下面再来看智能选区工具。智能选区工具常用的主要有"魔棒工具""快速选择工具""色彩范围"等，当然也包括 Photoshop 2021 版本新增的"天空"这个选区工具。至于"主体"这种选区工具，个人感觉效果不是太理想，所以不做介绍。

首先来看"魔棒工具"。这张图片如果要为天空建立选区，在工具栏中选择"魔棒工具"，在上方的选项栏中选择"添加到选区"，设定"容差"为 30，默认情况下我们设定 30 左右的容差会比较合理，很多照片设定这个容差都有比较好的选择效果。那么在天空位置单击，可以看到快速为一片区域建立了选区，如图 5-13 所示，也就是说我们单击位置明暗相差 30 之内连续的区域都会被选择进来。因为是添加到选区，接下来继续用鼠标在未建立选区的位置单击，通过多次单击，就为天空建立了选区。

- 容差是指我们所选择的位置与周边的色调相差度。比如说单击的位置亮度为 1，如果设定容差为 30，那么与 1 这个位置亮度相差 30 之内的区域都会被选择进来，亮度相差超过 30 的区域则不会被选择。
- "连续"是指我们建立的选区是连续的区域，不连续的一些区域则不会被选择。

图 5-13

因为我们选择了"连续"这种方式，所以一些单独的云层或者被云层包含起来的狭小的区域，还有天空中与我们选择区域亮度相差比较大的区域就不会被选择，所以放大之后，在天空中可以看到会漏掉一些区域，如图 5-14 所示。

图 5-14

利用其他工具完善选区

　　针对这种情况，可以选择"套索工具"，再选择"添加到选区"，快速将漏掉的区域包含进来，如图 5-15 所示。这样我们就完成了选区的建立。

图 5-15

　　如果建立选区之前，在上方选项栏中取消勾选"连续"，那么在天空中单击时，可以更快速地为天空建立选区，但劣势是地景内与天空不连续的一些区域，由于明暗与天空的相差不大，也会被选择进来，如图 5-16 所示，这是不利的一点。

　　实际建立选区时，用户就可以根据自己的习惯进行一些特定的选择。

图 5-16

如何使用"快速选择工具"

　　接下来看"快速选择工具"。"快速选择工具"也是一种智能选区工具，具体使用时，将鼠标指针移动到我们要选择的位置进行拖动，就可以快速为与拖动位置相差不大的一些区域建立选区，更加快捷，如图 5-17 所示。但劣势是，它主要为一些连续的区域建立选区，并且对边缘的识别精准度不是特别高，需要结合其他工具进行一定的调整。建立选区之后，就可以对我们选择的区域进行调整了。如果要取消选区，按 Ctrl+D 组合键即可。

图 5-17

5.4　色彩范围功能的使用

　　首先在 Photoshop 中打开要建立选区的照片。
　　选择"选择"菜单，选择"色彩范围"命令，打开"色彩范围"对话框，如图 5-18 所示。
　　鼠标指针变为吸管图标，单击我们想要选取的区域中的某一个位置，这样与该位置明暗及色彩相差不大的区域都会被选择出来，如图 5-19 所示。
　　在"色彩范围"对话框下方的预览图中会出现黑色、白色或是灰色的区域，白色和灰色表示选择的区域。
　　如果感觉选择的区域不是太准确，可以调整"颜色容差"，如图 5-20 所示。这个参数用于限定与我们选择位置明暗以及色彩相差不大的区域，它主要限定我们取样的位置与其他区域的范围。增大"颜色容差"值会有更多区域被选择，减小则正好相反。

图 5-18

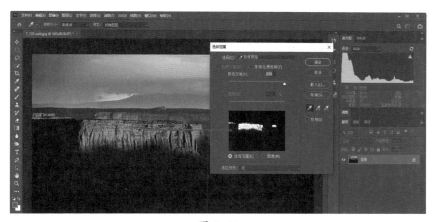

图 5-19

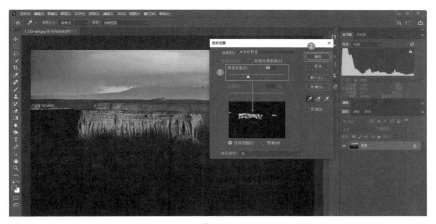

图 5-20

以灰度状态观察选区

如果感觉在"色彩范围"对话框很小的范围内观察不够清楚，那可以在下方的"选区预览"中选择"灰度"，让照片以灰度的形式显示，方便我们观察，如图5-21所示。

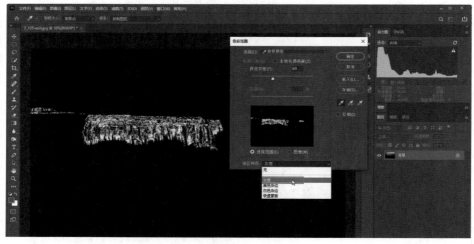

图 5-21

色彩范围选项

在"色彩范围"对话框中，"选择"还有多个选项，可以直接选择不同的色系，还可以选择中间调、阴影和高光，选择阴影或高光之后，可以直接选择照片中的最亮像素或是最暗像素，中间调的意思是我们将选择照片中某一个亮度范围的像素，如图5-22所示。

图 5-22

"颜色容差"的含义

前面已经介绍过，"颜色容差"用于扩大或是缩小我们所选定的范围。其原理实际上很简单，就是我们先在照片中单击选定一个点，调整"颜色容差"时，软件会查找整张照片，将与所选点明暗及色彩相差在所设定值（即"颜色容差"值）之内的像素也选择出来。从这个角度来说，"颜色容差"值越大，所选择的区域也会越多，反之则越少。

/ 094 /

选区的50%选择度

这里有一个问题，从选区预览中可以看到，有些区域是灰色的，并非纯黑色或纯白色，如图 5-23 所示。

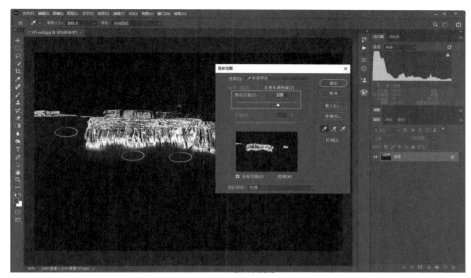

图 5-23

此时建立选区，可以发现有些灰色区域显示了选区线，有些灰色区域则不显示选区线，如图 5-24 所示。

图 5-24

实际上，无论是显示还是不显示选区线，只要是灰色区域，它都会处于部分被选择的状态，如果我们进行调整，这些选区都会发生变化。那么选区线的显示与不显示，决定在于"色彩范围"对话框中灰色区域的灰度，如果它的亮度超过 50% 的中间线，也就是 128 级亮度，就会显示选区线，如果亮度不高于 128 级亮度，则不显示选区线，返回到主界面之后我们是看不到选区线的，如图 5-25 所示。

如果进行后续的提亮或压暗处理，即便是未显示选区线的这些区域也会发生变化，这就是选区的显示度，也就是说，选区不能仅以选区线为标志。

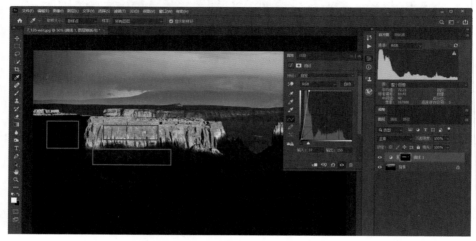

图 5-25

5.5 Photoshop 的 AI 选区："天空"

在 Photoshop 2021 中，"天空"是新增加的一个选区功能。顾名思义，所谓"天空"，是指选择该命令之后，软件自动识别照片中的天空，并为天空建立选区，这个功能是非常强大的，并且 Photoshop 2021 "一键换天"的功能也是以这个功能为基础来实现的，它的使用非常简单。

在 Photoshop 中打开照片。打开"选择"菜单，选择"天空"命令，如图 5-26 所示。

图 5-26

这样在 Photoshop 主界面中可以看到天空被选择了出来。从远处的飞机可以看到，虽然选区线只有部分被选择出来，但实际上机翼部分也处于选区中，只是没有显示选区线，如图 5-27 所示。

图 5-27

接下来在工具栏中选择"橡皮擦工具"，将"不透明度"和"流量"都设定为100%，在选区内擦拭，可以将天空的像素擦掉。这时我们注意观察飞机，可以看到机翼部分虽然没在选区之内，但仍然保留了下来，人物的发丝边缘也是如此，如图 5-28所示。

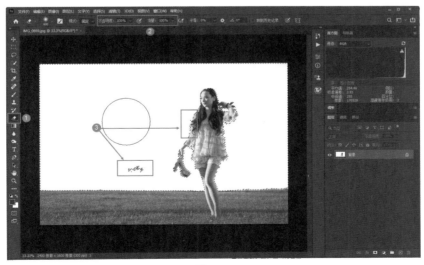

图 5-28

5.6　选区应用实战

选区的羽化

　　擦掉天空之后，观察草地与天空的边缘结合部分，发现还是有些生硬，如图 5-29 所示，过渡不够柔和，这是因为选区边缘过硬。

图 5-29

　　建立选区之后，如果我们对选区进行一定的羽化再进行擦拭，那么选区边缘会柔和很多。所谓羽化，主要是指调整选的边缘，让边缘以非常柔和的形式呈现。

　　来看具体操作，打开"历史记录"面板，选中"选择天空"这一选项，如图 5-30 所示，那么就会回到为天空建立选区的步骤。

图 5-30

这时，在工具栏中随便选择一种选区工具，然后在选区内右键单击，在弹出的菜单中选择"羽化"命令，打开"羽化选区"对话框，在其中设定"羽化半径"为 2 像素，然后单击"确定"按钮，这样我们就对选区的边缘进行了一定的羽化，如图 5-31 所示。

图 5-31

这时再用"橡皮擦工具"擦掉天空部分，可以发现它的过渡柔和了很多，这种柔和的过渡会让画面的效果看起来更加自然。

选择并遮住：选区的边缘调整

回到初次建立选区的状态，然后在工具栏中选择任意一种选区工具，此时在上方的选项栏中可以看到"选择并遮住"功能，如图 5-32 所示，该功能主要用于对选区的边缘进行调整。在 Photoshop 2021 之前的版本中建立选区，如果选区不够精确，那么通过边缘调整可以让选区变得更加精确，当然这个功能相对比较复杂，操作的难度也比较大。到了 Photoshop 2021，如果我们为天空建立选区，那么边缘调整功能的重要性大大降低了，这里依然要讲一下，便于大家理解和熟练使用选区功能。

使用时，建立选区，然后在选择某种工具状态下单击"选择并遮住"按钮，此时会进入一个单独的选择并遮住调整界面，在该界面中可以对选区边缘进行调整，如图 5-33 所示。

图 5-32

在这个界面中，左侧工具栏中第二个工具为"自动识别边缘"，这个工具非常强大，对于边缘不够精确的选区，可以选择该工具，然后在选区边缘进行涂抹和擦拭，软件会再次识别边缘，这可能让原本不是很精确的边缘部分变得更加精确。

在界面的右侧，"视图"这个功能没有太大的实际意义，它主要用于让我们设定以哪一种方式显示选区线，这里设定的是"洋葱皮"的显示方式，可以看到选区内的部分是白色与灰色相间的方格。

- "半径"是指选区线两侧像素的距离，半径为1，那么选区线两侧各1个像素的范围会被检测，"半径"越大，越容易快速查找某些景物的边缘并建立选区，但是选区有可能不会太精确，因为所能查找的一些景物边缘过多，有可能导致识别错误。
- "智能半径"是指我们建立选区之后，让选区线更平滑一些。
- "平滑"与"羽化"用于对选区线整体的走势进行调整，让选区线变得更加光滑、过渡更加自然。

在界面右侧下方还有一个"移动边缘"参数，这个参数非常重要，如果我们向左拖动"移动边缘"的滑块，那么选区会向外扩展。本例中我们选择的是天空，向外扩展之后可以看到人物也逐渐被"侵蚀"，扩展到选区之内。如果向右拖动滑块，则会缩小选区。"移动边缘"会让选区更加精确，如图5-34所示。

图 5-33

图 5-34

怎样保存选区

如图 5-35 所示，建立选区之后，如果要保存选区，可以借助"通道"面板来实现。

图 5-35

　　建立选区后下打开"通道"面板，然后单击"通道"面板下方的"建立通道蒙版"
按钮，如图 5-36 所示，这样可以为选区创建一个蒙版，选区内的部分对应的是蒙版上
的白色区域，选区外的部分对应的是蒙版上的黑色区域。本例中我们只选择了飞机，所
以就将飞机这个选区保存下来。保存选区之后，如果关闭照片，将照片保存为 TIFF 格
式，那么下次打开照片时，之前的选区就会被完整地呈现出来。

图 5-36

选区的相加与相减

　　之前介绍过，选区的布尔运算是指在建立选区时对选区相加或相减，实际上还会涉及另外一个问题。如果我们一次只建立了一个选区，那么过一段时间之后我们再建立另外一个选区，这两个选区都分别被保存了下来，如果要将两个选区加起来，就需要使用选区的叠加，当然我们也可以进行选区的相减。

　　首先来看选区的叠加。之前我们已经为飞机建立了选区并进行了保存，现在我们对人物和草地建立了一个选区，如图 5-37 所示。

图 5-37

　　接下来将人物和草地的选区在通道中保存下来，那么现在照片中就有两个选区。如果要将两个选区相加，可以先按住 Ctrl 键单击第一个选区，将这个选区载入选区线，如图 5-38 所示。

图 5-38

　　然后将鼠标指针移动到第二个选区上，按 Ctrl+Shift 组合键就可以将第二个选区添加到第一个选区中，这就是选区的相加。如果要相减，只要按 Ctrl+Alt 组合键，就可以减去第二个选区，如图 5-39 所示。

图 5-39

第6章

蒙版的概念及应用

蒙版是摄影后期修图最常用也是最核心的基本功能。借助蒙版，我们可以自如地对照片的整体、局部进行各种不同的调整，让照片呈现出我们想要的效果。

6.1 蒙版的概念与使用基础

蒙版的概念与用途

有些人解释蒙版为"蒙在照片上的板子"，其实，这种说法并不是非常准确。如果用通俗的话来说，蒙版就像一块虚拟的橡皮擦，使用 Photoshop 中的橡皮擦工具可以将照片的像素擦掉，而露出下方图层的内容，使用蒙版也可以实现同样的效果。但是，使用橡皮擦工具擦掉的像素会彻底丢失，而使用蒙版结合渐变或画笔工具等擦掉的像素只是被隐藏了起来，实际上没有丢失。

下面通过一个案例来说明蒙版的概念及用法，打开图 6-1 所示的照片。

在"图层"面板中可以看到图层信息，这时单击"图层"面板底部的"创建图层蒙版"按钮 ，为图层添加一个蒙版，如图 6-2 所示。初次添加的蒙版为白色的空白缩览图。

图 6-1　　　　　　　　　　　　　　　　图 6-2

我们将蒙版变为白色、灰色和黑色 3 个区域同时存在的样式，如图 6-3 所示。

此时观察照片画面可以看到，白色的区域就像一层透明的玻璃，覆盖在原始照片上；黑色的区域相当于用橡皮擦工具彻底将像素擦除，露出下方空白的背景；灰色的区域处于半透明状态。这与使用橡皮擦工具直接擦除右侧区域、降低透明度擦除中间区域所能实现的画面效果是完全一样的，但使用蒙版通过颜色深浅的变化实现了同样的效果，并且从图层缩览图中可以看到，原始照片并没有发生变化，将蒙版删掉，依然可以看到完整的照片，这也是蒙版的强大之处，它就像一块虚拟的橡皮擦。

如果我们对蒙版制作一个从纯黑到纯白的渐变，此时蒙版缩览图如图 6-4 所示。可以看到，照片呈现从完全透明到完全不透明的平滑过渡状态，从蒙版缩览图中看，黑色完全遮挡了当前的照片像素，白色完全不会影响照片像素，灰色则会让照片像素处于半透明状态。

图 6-3

图 6-4

　　对于蒙版所在的图层而言,白色用于显示,黑色用于遮挡,灰色则会让显示的部分处于半透明状态。后续在使用调整图层时,蒙版的这种特性会非常直观。注意,这里的重点是蒙版影响的是所在的图层,与其他图层无关。

调整图层：摄影修图的核心问题

这张照片前景的草原亮度非常低，如图 6-5 所示，现在要进行提亮。

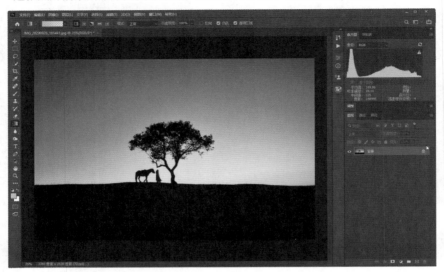

图 6-5

首先在 Photoshop 中打开照片，然后按 Ctrl+J 组合键复制一个图层，对复制的图层整体进行提亮。然后为复制的图层创建一个蒙版，就可以借助黑蒙版遮挡住天空，用白蒙版露出要提亮的部位，这样就实现了两个图层的叠加，相当于只提亮了地景部分，如图 6-6 所示。

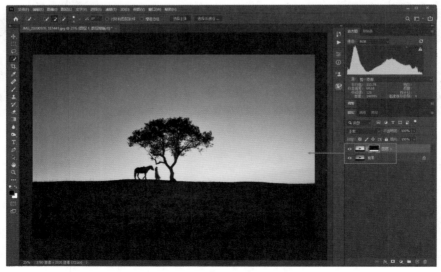

图 6-6

当然，这样操作比较复杂，下面介绍调整图层这个功能，它相当于一步实现了之前复制图层和提亮复制的图层等多种操作。具体操作时，打开原始照片，然后在"调整"面板中单击"曲线"，这样可以创建一个曲线调整图层，并打开曲线调整面板，如图 6-7 所示。

图 6-7

接下来在曲线调整面板中上移曲线，这样全图会被提亮，如图 6-8 所示。

图 6-8

接下来我们只要借助黑、白蒙版的变化，使用黑蒙版将天空部分遮挡，只露出地面部分，就实现局部的调整。这样操作省去了复制图层的步骤，相对来说要简单和快捷很多，它相当于对之前的操作进行了简化，如图 6-9 所示。当然这里有一个新的问题，调整图层并不能 100% 地替代图层蒙版，因为如果是两张不同的照片叠加在一起生成两个图层，为上方图层创建图层蒙版，可以实现照片的合成等操作，但调整图层只会针对一张照片进行影调色彩等的调整。这就是两者的不同之处。

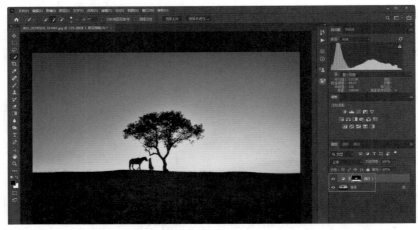

图 6-9

什么是黑、白蒙版

在说明蒙版的黑、白变化之后，下面介绍在实战中使用黑、白蒙版的方法。

看图 6-10 所示的这样一张照片，两侧以及背景的亮度有些高，导致人物的表现力下降。

图 6-10

这时我们可以创建一个曲线调整图层来压暗，但这种方式会导致主体部分也被压暗，如图 6-11 所示。

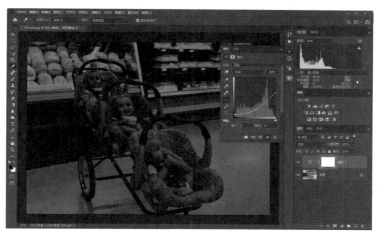

图 6-11

我们只想让背景部分被压暗，这时可以选择渐变工具或是画笔工具，将人物部分擦拭出来。擦拭时，前景色要设为黑色，这种黑色就相当于遮挡了当前图层的调整效果，也就是说曲线调整图层这一部分被遮挡起来。从蒙版可以看到，白色部分会显示当前图层的调整效果，黑色部分遮挡，这样主体部分就以原始的亮度显示，而背景部分被压暗，如图 6-12 所示。这就是白蒙版的使用方法，即先建立白蒙版，然后对某些区域进行还原。

图 6-12

黑蒙版的用法也非常简单，创建白蒙版之后，按 Ctrl+I 组合键，就可以使白蒙版反向，变为黑蒙版，将当前图层的调整效果完全遮挡起来，如图 6-13 所示。

图 6-13

如果我们想要某些位置显示当前图层的调整效果，那么只要将前景色设为白色，然后在想要显示的区域涂抹或制作渐变即可。

蒙版与选区怎样切换

通过对蒙版的局部调整，我们发现蒙版实际上也是一种选区，因为它也用于限定某些区域的调整。实际上，蒙版与选区是可以随时相互切换的。正如之前的照片中，我们使人物保持原有亮度，压暗四周，是通过蒙版来实现的。通过蒙版实现之后，如果要将蒙版载入选区，我们只要按 Ctrl 键然后单击蒙版图标，就可以完成了。当然将蒙版载入选区时，要注意蒙版中白色的部分是选择的区域，黑色的部分是其余的区域。可以看到，将蒙版载入选区之后，四周的白色部分被建立了选区，如图 6-14 所示。

图 6-14

　　除这种载入方式之外，还可以用鼠标右键单击蒙版图标，在弹出的菜单中选择"添加蒙版到选区"，如图 6-15 所示，这样也可以将蒙版载入选区。

图 6-15

剪切到图层

　　利用调整图层可以对全图进行明暗以及色彩的调整，并且对下方所有图层的叠加效果进行一种调整。

　　在实际的使用中，我们还可以限定调整图层时只对它下方的图层进行调整，而不影响其他图层。比如这张照片，我们先按 Ctrl+J 组合键复制一个图层，然后对上方的图层进行高斯模糊处理，之后创建一个曲线调整图层，这样提亮之后可以看到全图变亮，如图 6-16 所示。

图 6-16

但我们当前想要的效果主要是对上方的模糊图层进行提亮，那这时可以单击曲线调整面板下方的此调整剪切到此图层按钮，这样就可以将曲线的调整效果只作用到它下方的模糊图层，而不是所有图层都会受到影响。可以看到剪切到图层之后模糊图层发生了较大变化，这是因为我们降低了上方模糊图层的不透明度，那么将蒙版只作用到这个图层之后，蒙版的不透明度也会降低，可以看到照片画面发生了较大变化，如图 6-17 所示。

图 6-17

6.2　蒙版的应用实战

如何使用蒙版+画笔工具

之前我们已经介绍过，使用蒙版时，要借助画笔工具或是渐变工具来进行白色和黑色的切换，下面来看具体的使用方法。依然是这张图片，首先创建曲线，调整图层，将其压暗，如图 6-18 所示。

接下来在工具栏中选择"画笔工具"，将前景色设为黑色，然后适当地调整画笔大小，并将"不透明度"设定为 100%，然后在人物上进行擦拭，如图 6-19 所示。可以看到该操作相当于将白蒙版擦黑，这样就遮挡了我们压暗的这种曲线效果，露出原照片的亮度，这是将画笔工具与蒙版组合使用的一种方法。当然在实际的使用中，除将画笔的不透明度设为 100% 之外，还经常要将画笔的不透明度降低，进行一些轻微的擦拭，让调整效果更自然一些。

图 6-18

图 6-19

如何使用蒙版+渐变工具

　　除画笔工具可以调整蒙版之外，在实际的使用中，渐变工具也可以与蒙版结合起来使用，实现很好的调整效果。具体使用时，首先依然是压暗照片，然后按Ctrl+I组合键"反向"蒙版，这样调整效果被遮挡起来，如图 6-20 所示。

图 6-20

　　这时在工具栏中选择"渐变工具"，将前景色设为白色，背景色设为黑色，然后设定从白到透明的线性渐变，再在照片四周进行拖动制作渐变，可以从图层蒙版上看到四周变白，显示出当前图层的调整效果，如图 6-21 所示。可以看到照片四周被压暗，中间的人物部分依然使用了黑蒙版，它遮挡了当前的压暗效果，其亮度是背景图层的亮度。

图 6-21

蒙版的羽化与不透明度

无论是画笔工具还是渐变工具，制作黑、白蒙版之后，白色区域与黑色区域边缘的过渡有些生硬，不够自然。这时可以双击蒙版图层，打开蒙版"属性"面板，如图 6-22 所示。

图 6-22

在其中提高蒙版的"羽化"值，可以让黑色区域与白色区域的过渡平滑柔和起来，这类似羽化功能。最终就可以让照片明暗影调过渡呈非常平滑的状态，如图 6-23 所示。

图 6-23

如果感觉四周被压得过暗，那么还可以单击选中蒙版图层，在相应蒙版中适当降低"不透明度"，弱化调整效果，让最终的调整效果更加自然，如图 6-24 所示。

图 6-24

亮度蒙版的概念与用途

接下来介绍另外一个非常重要的知识点——亮度蒙版。

亮度蒙版是指先根据照片不同的亮度区域建立选区，对这些选区之内的部分创建调整图层，也就是创建调整蒙版，然后对这些区域进行一定的调整，再借助蒙版实现显示和遮挡，最终实现局部的调整。亮度蒙版是摄影后期非常重要的一个知识点，它的应用非常广泛，为了方便大家掌握亮度蒙版的原理，我们首先借助 Photoshop 自带的工具进行讲解，掌握原理之后，我们再借助第三方软件，就会更加得心应手。

首先创建一个盖印图层，如图 6-25 所示。

打开"选择"菜单，选择"色彩范围"命令，打开"色彩范围"对话框。我们想要给背景中比较

图 6-25

亮的一些区域建立选区，将这些区域压暗，因为现在的背景中的亮斑太多，它干扰了人物的表现，所以选择取样颜色之后，将鼠标指针移动到背景较亮的位置上单击，可以看到这些区域变白，然后调整"颜色容差"的值，确保我们只选中背景中的白色部分。因为人物的面部和地面有些区域的亮度与背景中亮斑相近，所以也被选择出来了，但这没有关系，后续我们可以进行调整。直接单击"确定"按钮，如图 6-26 所示，这样就为背景中的亮斑以及地面和人物等建立了选区。

图 6-26

　　建立选区之后，创建曲线调整图层，下移曲线，可以看到，此时的蒙版是针对选区的，那么只有选区内的部分被压暗，即地面、人物还有背景中的亮斑被压暗，如图 6-27所示。

图 6-27

　　因为我们只想让背景中的亮斑被压暗，所以可以借助画笔工具或渐变工具进行调整。首先双击图层蒙版，对蒙版适当地进行羽化，让压暗效果更自然一些，如图 6-28 所示。

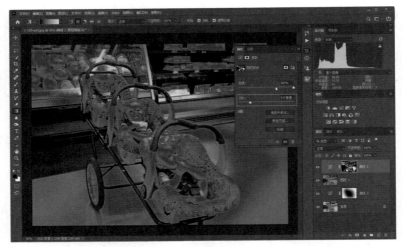

图 6-28

接下来，在工具栏中选择"渐变工具"，将人物还原，这样我们就实现了整个调整过程，如图 6-29 所示。可以看到，调整之后整个画面更加干净，特别是背景以及地面部分不再有太多亮斑。这是亮度蒙版的具体使用原理，就是先建立选区，然后对根据亮度建立的不同选区进行调整。

图 6-29

我们再来看借助第三方的 TK 亮度蒙版来实现亮度蒙版调整的方法。TK 亮度蒙版是当前比较著名的一款亮度蒙版，它的功能非常强大，借助亮度蒙版建立选区之后，选区的边缘是非常柔和的，它与未调整部分的过渡更加自然，比我们借助"色彩范围"调整的边缘更加自然，当然它的准确性不如"色彩范围"。下面进行具体介绍。

　　安装 TK 亮度蒙版之后，它"停靠"在右侧的面板竖条上。本例中我们要选择背景中的亮斑部分，打开其面板之后，大致判断一下背景亮度在亮度蒙版中的值是 3 及更亮，因此单击 3 这个按钮，如图 6-30 所示，这样照片中的一些亮斑区域就会被显示出来。从照片画面中可以看到，此时这些被选择的区域在照片中显示得比较明亮，而不被选择的区域会以黑色显示。此时照片变为灰度状态，并且创建的曲线调整图层呈现红色。

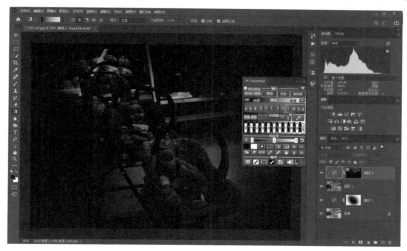

图 6-30

　　打开"通道"面板，按 Ctrl 键，单击新生成的亮度蒙版，可以将亮度蒙版转为选区，如图 6-31 所示，然后单击 RGB 复合通道，照片显示为正常状态。

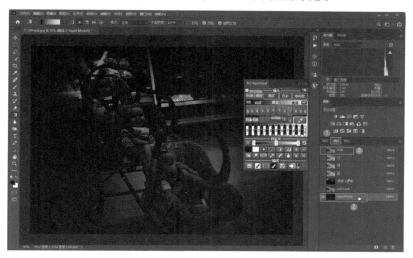

图 6-31

创建曲线调整图层,将这些亮斑压暗,最终我们就实现了亮度蒙版的调整,如图6-32所示。

图 6-32

如何使用快速蒙版

调整完成之后,再次创建一个盖印图层,如图6-33所示。

接下来将演示快速蒙版的使用方法。快速蒙版方便用户快速使照片进入蒙版编辑状态,通过画笔工具或是渐变工具在照片中涂抹,以随心所欲地建立我们想要形状的选区。像这张照片,盖印图层之后,在工具栏下方单击"快速蒙版"按钮,可以为当前的图层创建快速蒙版。可以看到此时所选中的图层变为红色,这表示我们已经进入快速蒙版的状态,如图6-34所示。

在工具栏中选择"画笔工具",将前景色设为黑色,在照片上涂抹,可以看到被涂抹的区域

图 6-33

呈红色,这种红色不是我们涂抹的颜色,它主要用于显示我们将要选择的区域,如图6-35所示。

涂抹之后,按Q键可以退出快速蒙版,当然也可以在工具栏中单击"快速蒙版"按钮退出,如图6-36所示。退出之后,可以看到我们涂抹的部分被排除到选区之外,未涂抹的区域被建立为选区,这就是快速蒙版的使用方法。

图 6-34

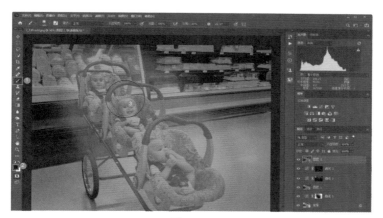

图 6-35

图 6-36

第 7 章

调色的原理及应用

影响照片色彩表现的因素非常多，在后期软件 Photoshop 中可以进行调色的
工具也有许多种，但对于摄影后期来说，我们只需要掌握其中功能强大、实用的几
种即可。掌握了几种工具，那就可以实现对绝大多数照片的调色处理。

7.1　Photoshop 调色的基石：色彩互补原理

三原色的由来及叠加

自然界中的可见光通过三棱镜可以直接分解成红、橙、黄、绿、青、蓝、紫这 7 种光。如果对已经被分解出的 7 种光再次逐一进行分解，可以发现红、绿和蓝色光无法被分解；而其他 4 种光（橙、黄、青、紫）又可以被再次分解，最终也分解为红、绿和蓝这 3 种光。换句话说，虽然阳光是由 7 种光组成的，但本质只有红、绿和蓝 3 种光。所有色彩都是由红、绿和蓝混合叠加而成的。

也就是说，自然界中只有红、绿、蓝 3 种原始的光，其他光可以由红、绿、蓝 3 种光混合产生，有的需要等比例混合，有的需要不等比例混合，有的还需要多次混合。因此，红、绿、蓝 3 种颜色也被称为三原色。

自然界中，我们看到的色彩，除七色光谱所呈现的颜色外，常见的还有其他色相的颜色，也都是由三原色混合叠加而产生的。

三原色混合叠加，最简单直接也最容易掌握的是图 7-1 所示的这样一张示意图，从中我们可以非常直观地看出色彩叠加的规律：

红色 + 绿色 = 黄色；
绿色 + 蓝色 = 青色；
红色 + 蓝色 = 洋红（即粉红色、品红色）；
红色 + 绿色 + 蓝色 = 白色。

此外，还有一些需要进行归纳的知识：由红色 + 绿色 = 黄色、红色 + 绿色 + 蓝色 = 白色，可以得出黄色 + 蓝色 = 白色这样的结论；同理也可以得出绿色 + 洋红 = 白色、青色 + 红色 = 白色的结论。

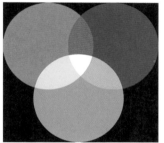

图 7-1

色环、色彩混合与色彩互补

图 7-1 所示的图片表达出的色彩混合方面的信息并不全面，其中紫色、橙色等常见颜色没有出现，所以我们可借助色环图来进行观察分析，因为色环图上显示了所有的颜色。从三原色叠加图上我们知道黄色是由红色和绿色混合出来的、青色是由绿色和蓝色叠加出来的、洋红是由红色和蓝色叠加出来的，再从图 7-2 所示的这个色环图上就很容易弄明白，混合色正好是位于三原色两两中间的，并且按照最初介绍的红、橙、黄、绿、青、蓝、紫的顺序排列起来。

紫色虽然没有在图 7-2 中进行标注，但实际上它与洋红位置大体相近。

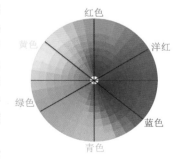

图 7-2

　　另外，若采用等比例的颜色，黄色＋蓝色＝白色、洋红＋绿色＝白色、红色＋青色＝白色，从色环图上可以看到，这些色彩都是直径两端的色彩混合，它们是互补的，最终我们得出结论：互补的两种色彩，混合后得到白色。

　　前面的知识看似难以记忆，但这已经是针对色彩最简单的一些规律总结了，无论如何都是需要认真记忆的。如果记不住，可以从网上找到前面这两张图片，贴在计算机屏幕一边。因为在后期软件中进行调色时，就会用这种最简单的色彩叠加混合规律。

　　在后期软件中，几乎所有的调色都是以互补色相加得到白色这一规律为基础来实现的。例如，照片偏蓝色，那表示场景被蓝光照射，拍摄的照片自然是偏蓝色的；调整时我们只要减少蓝色，增加黄色，让光变为白色，场景相当于被白光照射，拍摄的照片色彩就准确了。这便是最简单、直接的后期调色原理。

7.2　色彩平衡：注意分别调整三大色调

　　首先来看色彩平衡这个功能的使用方法。色彩平衡是比较简单和直观的一种后期调色功能。这种功能的特点是比较简单、快捷、方便，但是劣势也比较明显，它的调色不算特别精准。

　　下面通过一个具体的案例来进行介绍。

　　首先在 Photoshop 中打开这张照片，看到它明显是偏蓝的。下面借助色彩平衡功能进行调整。

　　在"图层"面板下方，单击"创建新的填充或调整图层"按钮，在打开的菜单中选择"色彩平衡"，这时软件会创建一个色彩平衡调整图层（包含一个色彩平衡调整、一个蒙版），并打开色彩平衡调整面板，如图 7-3 所示。

图 7-3

在图7-4所示的调整面板中,可以看到红色、绿色、蓝色这三原色以及它们的补色。实际调色时,只要拖动滑块就可以对色彩进行调整。比如照片偏红,那么可以拖动红色到青色的滑块,使之向青色方向偏移,相当于增加青色,也就等同于减少红色。

色彩平衡这个功能的使用是非常简单的,它的功能设定,就是通过调整三原色及它们的补色,实现全画面的色彩改变。

另外要注意的一个功能是"保留明度"。如果启用这个功能,然后进行调色,那么所调整色彩的自身明度会影响画面明暗的变化,比如将滑块向青色方向拖动,画面色彩变青,而青色明度又非常高,那么这时画面整体就会变亮一些,即照片明暗会随着色彩自身的明度变化而发生一些轻微的变化。

图 7-4

如果禁用"保留明度"功能,那么调色时,画面的明暗依然会发生轻微的变化,但是变化会与加色、减色模式有关。

当前,可以看到照片偏蓝,因此直接减少蓝色,就相当于增加黄色,可以看到画面整体蓝色减少,如图7-5所示。

图 7-5

继续观察,会发现照片有一些偏青、偏绿,因此稍稍增加红色,也就相当于减少青色;减少绿色,相当于增加洋红,让画面色彩更准确一些,如图7-6所示。

图 7-6

此时可以看到，画面左上角最暗的部分色彩变化并不是特别明显，这是因为当前的调整针对的是中间调区域，打开"色调"下拉列表，在其中可以看到阴影、中间调和高光 3 个限定范围，之前调整的是中间调区域，如图 7-7 所示。

接下来，选择"阴影"选项，对阴影的蓝色进行调整。降低青色、绿色和蓝色的值，可以看到左上角的蓝色得到校正，如图 7-8 所示。

图 7-7

图 7-8

　　高光部分整体有一些偏红，因此在"色调"下拉列表中选择"高光"选项，减少红色、减少洋红色、减少黄色，画面高光部分整体色彩得到校正，如图 7-9 所示，但如果仔细观察，会发现右下角高光与中间调结合的部分色彩依然不是很准确，这没有关系，后续可以通过蒙版进行调整。

图 7-9

　　在工具栏中选择"画笔工具"，将前景色设为黑色，将画笔设定为柔性画笔，不透明度和流量尽量设得低一些，缩小画笔，在画面右下角进行涂抹，还原出照片没有调色之前的效果，如图 7-10 所示。

图 7-10

　　因为画笔的不透明度和流量很低，所以调色效果和未调色效果在这一片区域会得到混合，相对来说这一片区域的色彩就变得比较准确。

　　调色完成之后，对比调色之前（如图 7-11 所示）和调色之后（如图 7-12 所示）的效果，可以发现画面的色彩发生了非常大的变化，变得更加准确。

　　当然，对于风光摄影来说，色彩准确未必就是最好的，未必有最好的艺术效果，这一点要注意。

图 7-11

图 7-12

7.3　曲线：综合性能强大的工具

　　曲线是 Photoshop 中综合性能非常强大的一款工具，它的强大体现在可以对照片进行非常准确的明暗与色彩两方面的调整，这个功能开发的时间比较早，所以老一代摄影师、印刷厂的调色师傅都习惯使用这种工具，反而新一代的摄影师使用没有那么多。

这款工具的特点在于可以非常直观地对照片中的某些位置进行精准的调整，如果不想进行特别精准的调整，那么可以直接在曲线上单击创建锚点，将其向上拖动或向下拖动，进行明暗或色彩的调整，非常方便。

曲线调色功能结合蒙版，可以对照片进行非常精准的明暗以及色彩调整。

下面通过具体的案例来讲解曲线调色的技巧。

在 Photoshop 中打开素材照片，创建曲线调整图层，可以看到打开的曲线调整面板，以及创建的曲线调整图层，如图 7–13 所示。

图 7–13

在打开的曲线调整面板中，打开"RGB"下拉列表，在其中可以看到 "RGB"以及"红""绿""蓝"这4 个选项，如图 7–14 所示，每个选项对应的是一种曲线。

RGB 曲线可用于调整照片的明暗，而"红""绿""蓝"3 种曲线可用于调整照片的色彩。

曲线调色不如色彩平衡调色直观，因为它只有三原色，而没有标出它们的补色。但了解色彩互补的原理之后，即便只对三原色进行调整，也可以同时实现对它们补色的调整。比如，向上拖动红色曲线，照片色调向红色方向偏移，相当于降低红色的补色——青色的比例。

图 7–14

具体说到这张照片，可以看到原照片整体偏黄切换到蓝色曲线，向上拖动蓝色曲线，根据色彩互补原理，增加蓝色就相当于降低蓝色的补色——黄色的比例，可以看到照片偏黄的问题得到解决，如图 7–15 所示。

照片整体有一些偏洋红，切换到绿色曲线，向上拖动绿色曲线，绿色的补色是洋红色，因此增加绿色就相当于降低洋红的比例，可以看到人物的肤色及画面整体色彩趋于准确，不再严重偏洋红，如图 7-16 所示。

图 7-15

图 7-16

仔细观察照片，会发现左下角护栏上有一些位置绿色过重，要准确校正这些护栏上的绿色，可以在曲线调整面板左上角单击选择目标调整工具，然后将鼠标指针移动到护栏上偏绿色的位置，向下拖动就可以准确调整护栏上偏绿色的这些位置（即减少绿色），最终可以看到曲线上对应位置的色彩得到校正，如图 7-17 所示。

最后切换到红色曲线，稍稍向上拖动红色曲线，让画面整体红润一些，如图 7–18
所示。

至此，这张照片的调色完成。

图 7–17

图 7–18

对比一下调色前后的效果，分别如图 7–19 和图 7–20 所示，可以看到原照片整体
偏黄、偏闷；调色之后的照片色彩变得更加准确，并且人物的肤色更透亮。

图 7-19

图 7-20

7.4　可选颜色：准确定位特定色彩

相对与绝对的含义

　　在可选颜色调整面板中，还有相对和绝对两个参数。所谓的绝对，是针对某种颜色的最高饱和度值来说的；所谓的相对，是针对具体照片中的某个实际值来说的。同样调整 10% 的色彩比例，设定为绝对时，调整的效果是非常明显的，因为是总量的 10%；而设定为相对时，效果就要柔和很多。在具体应用中，我们针对当前照片进行调整，应该设定为"相对"。

　　为了便于大家理解，下面举例进行说明。假设青色的最高饱和度值为 100，但在实际的一张照片中青色饱和度值是要低一些的，假设为 60，通过可选颜色调整面板对照片的青色系进行调整——降低 50% 的青色。设定为相对的话，针对该照片的青色饱和度值 +60，调整后的照片青色饱和度值就变为 30；设定为绝对的话，针对青色最高 100 的饱和度值，调整后的照片青色饱和度值就只剩下 10。也就是说，只要设定为绝对，调色的效果就要明显很多。

可选颜色工具的使用技巧

在调整照片的同时，我们也介绍了可选颜色这一功能的原理及使用方法。在商业人像摄影中，可选颜色的使用频率相当高，是十分受欢迎的调色工具。喜欢人像摄影的读者，可以好好学习和使用这款工具。

依然是之前进行过曲线调色的照片，直接创建可选颜色调整图层，如图 7-21 所示。

图 7-21

在可选颜色调整面板中，打开"颜色"下拉列表，在其中可以看到"红色""黄色""绿色""青色""蓝色"和"洋红"，以及"白色""中性色"和"黑色"等选项，如图 7-22 所示。其中，色彩选项是三原色及它们的补色，而白色、中性色和黑色分别对应的是照片的高光区域、一般亮度区域和阴影区域。

我们可以选择不同的色系进行调整，也可以通过选择照片的高光、中间调和阴影进行调整，也就是说可选颜色有两种调色逻辑：一种是按照色彩进行调整，另一种是按照明暗划分区域进行调整。后文会具体进行介绍。

图 7-22

对于这张照片，经过之前的曲线调色，会发现其依然存在一些问题，比如左下角的护栏依然有一些偏青，即黄色的护栏部分有些偏青色，因此在可选颜色调整面板中将"颜色"选择为"黄色"，也就是对照片中的黄色系进行调整，选择之后降低黄色中青色的比例，可以看到护栏偏青的问题得到解决，如图 7-23

所示。

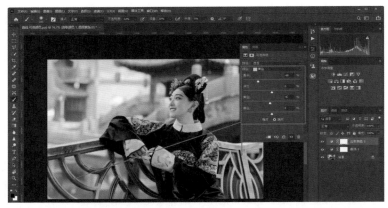

图 7-23

对于黄色比例稍稍偏高的问题，可以稍稍降低黄色的比例。

背景中亭子房顶是有一些偏青色的，那么可以选择青色，然后降低青色的比例，之后可以看到亭子顶部整体有一些偏亮，因此可以提高黑色的比例，相当于压暗原本偏亮的房顶，此时画面整体变得协调了很多，如图 7-24 所示。

图 7-24

照片背景中间亮度非常高的区域让画面整体显得明暗不匀，有些杂乱，因此在"颜色"下拉列表中选择"黑色"，增加黑色，增加黑色相当于压暗高光区域，可以看到背景中过亮的区域整体变暗了一些，画面整体变得协调，如图 7-25 所示。

之前的调整针对的是全图，人物身体上皮肤、头发、衣服等部分的色彩也会发生变化，这不是我们想要的。因为人物不能发生色彩的严重失真，所以需要将人物排除在调色区域之外。那就需要先把人物选出来，在"图层"面板中单击背景图层，也就是有像素的图层，然后打开"选择"菜单，选择"主体"命令，这样就为人物建立了选区，如图 7-26 所示。

图 7-25

图 7-26

在"图层"面板中单击选中选取颜色这个调整图层的蒙版,在工具栏下方将前景色设为黑色,然后按 Alt+Delete 组合键,为选区填充前景色,这相当于用黑色遮挡人物,还原出人物调色之前的效果,而背景区域则是调色之后的状态,如图 7-27 所示。

图 7-27

　　这样，就可以看到最终的画面效果，即对整体的道具及背景进行了调色，但人物部分没有发生色彩变化，确保人物部分的色彩是正常的。

　　最后，我们可以观察调色前后的效果，分别如图7-28和图7-29所示。调色之前，画面整体是有一些色彩瑕疵的，比如说背景中青色的房顶、背景中间高亮的光斑，以及偏青黄色的护栏；调整之后，整体的背景色彩趋于相近，明暗也趋于相近，整体变得干净，这样画面整体也会更干净，更具高级感。这就是通过可选颜色工具实现的调色效果。当然，还要结合黑、白蒙版对画面的局部进行限定才能实现更好的效果。

图 7-28

图 7-29

第8章

照片锐化与降噪的技巧

锐化是非常有用的功能，可以提高图像边缘的对比度，强化轮廓，提高照片清晰度。

合适的锐化几乎可以起到扭转乾坤的作用，让用一般镜头拍摄的照片呈现出堪比牛头的画质。

8.1　基本锐化功能

有时，数码单反相机所拍摄的照片会给人柔和的感觉，不够锐利和清晰，有时甚至不如用手机或一般数码相机拍摄的照片那样色彩鲜艳、画质清晰。

之所以出现这种现象，有两个原因。

其一，数码单反相机特意设定了低锐度输出。其二，低通滤镜对照片锐度有干扰。拍摄照片时，进入相机的光远没有我们想象的那么简单，除可见的阳光之外，其实还有一些红外线、紫外线等非可见的光，可见光之外的光虽然用肉眼不可见，但对图像传感器能产生一定的影响。通过合理的锐化，可以提高照片锐度，增强照片质感。

USM锐化的基本功能与操作

USM 锐化是传统摄影中应用非常广泛的一种锐化方式，它非常简单直观，但是随着当前数码技术的不断发展，这种锐化的使用频率越来越低。在 USM 锐化以及其他不同的锐化功能中有一些基本的参数，学习这些参数的使用方法和原理，可以帮助我们打好摄影后期的基础，为掌握其他工具做好准备。

依然是这张照片，打开"滤镜"菜单，选择"锐化"→"USM 锐化"，如图 8-1 所示，进入"USM 锐化"对话框。

在其中提高"数量"值，有一个局部放大的区域显示了锐化的效果，如图 8-2 所示。如果要对比锐化之前的效果，将鼠标指针移动到这个预览框中并单击，就会显示锐化之前的效果，如图 8-3 所示。通过对比锐化前后的效果，可以发现 USM 锐化的效果还是比较明显的。

 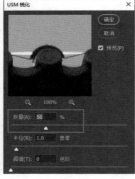 

图 8-1　　　　　　　图 8-2　　　　　　　图 8-3

半径的原理和用途

依然是在 USM 锐化对话框中，将"半径"值提到最高，如图 8-4 所示，会发现仿佛提高了清晰度，照片的景物边缘出现了明显的亮边，而照片中原有的亮部变得更亮，高光溢出，原有的暗部变得更黑，阴影溢出。也就是说，提高"半径"值可以提高锐化的程度，它与"数量"值所起的作用有些相近。"半径"的单位是像素，锐化时通过强化像素与像素之间的明暗与色彩差别，来达到让照片更清晰的目的。半径是指像素距离，如果只有一个像素，就只检索某一个像素与它周边相距一个像素的点，增强这两个像素之间的明暗与色彩差别，如果设定"半径"值为 50，那么半径为 50 个像素之内的所有像素之间的明暗差别和色彩差别都会得到提升，所以说锐化的效果非常强烈。一般情况下，"半径"值不宜超过 2 或 3，只检索两三个像素范围之内的区域就可以了。

图 8-4

阈值的原理和用途

"阈值"这个参数比较抽象，它的单位是"色阶"，"色阶"的本意就是明暗。阈值的范围是 0~255，0 代表纯黑，255 代表纯白，一共有 256 级亮度。阈值在锐化中的作用是：如果两个像素之间明暗相差为 1，但是设定阈值为 2，那么这两个像素就不进行锐化，不强化它们之间的明暗和色彩差别。也就是说，阈值是一个门槛，只有明暗差别超过这个阈值，才会对两个像素进行强化，强化它们之间的明暗和色彩差别。所以，如果阈值设定得非常大，到了 255，全图几乎不进行任何的锐化处理，如图 8-5 所示。摄影后期中，半径和阈值是两个非常重要的概念。

图 8-5

智能锐化

仅从锐化的功能性上来看，智能锐化比 USM 锐化要强大很多。打开照片，打开"滤镜"菜单，选择"锐化"→"智能锐化"，如图 8-6 所示，即可打开"智能锐化"对话框。与"USM 锐化"对话框相比，其主要功能中的"数量"和"半径"两个参数，基本上是一样的，相信你一看到就会明白。区别在于该对话框中间部位，"阈值"变为"减少杂色"。

图 8-6

打开"智能锐化"对话框后，系统默认已经对照片进行了处理（数量 126%、半径 0.8 像素、减少杂色 10%，这组参数是我们之前某一次使用该功能时的设定），如图 8-7 所示。这种系统默认的设置并不一定能够满足我们的要求，所以我们还是应该进行手动调整。

图 8-7

"智能锐化"对话框中去掉了"阈值"选项，以"减少杂色"这一参数作为替代，这个功能主要起到降噪的作用。

"智能锐化"对话框中的"移去"下拉列表，其中有高斯模糊、镜头模糊和动感模糊 3 个选项。不用考虑太多，直接设定为镜头模糊即可，这样可以对用一些性能不够理想的镜头拍摄的照片进行优化；移去动感模糊是指对拍摄时相机抖动所产生的模糊进行校正，但说白了，一旦你拍的照片"糊了"，无论怎样处理，都不太可能让照片变得特别清晰。

8.2　高级锐化与降噪功能

利用Dfine 2滤镜实现高级降噪

接下来介绍一种通过第三方软件进行照片降噪的技巧，主要是借助 Nik 滤镜中的 Dfine 2 这款降噪滤镜对画面进行降噪。

依然是这张照片，打开"滤镜"菜单，选择"Nik Collection"→"Dfine 2"命令，如图 8-8 所示。

图 8-8

照片会载入 Dfine 2 降噪界面，照片画面中有很多方框，这些方框是检测的点或区域，有些范围比较大，是区域，而有些近似于点。软件开始检测这些点的噪点并分析照片，对画面整体进行降噪。

在界面右下方有一个放大镜，从中可以看到降噪的效果对比，红线左侧是降噪之前的效果，右侧是降噪之后的效果，降噪的效果非常理想，既保持了原有的锐度，又消除了噪点。这种方法非常简单直观，不需要进行任何的设定，只要进入界面，然后单击"确定"按钮，如图 8-9 所示，返回 Photoshop 主界面就可以了。

返回 Photoshop 主界面之后会生成一个降噪图层，下方是没有降噪的图层，上方是降噪之后的图层，方便后续进行一些局部的调整。有关局部的锐化和降噪，在本章最后会进行介绍。

图 8-9

Lab色彩模式下的明度锐化

接下来介绍一种比较高级的锐化方式。之前介绍的所有锐化方式，强化的都是像素之间的明暗与色彩差别。其实对明暗进行锐化，效果会比较直观，但如果对色彩进行锐化的话，就会破坏原有的一些色彩，导致画面显得不是那么漂亮。所以，就有这样一种锐化模式，将照片转为 Lab 色彩模式，只对照片的明暗进行锐化，而不对色彩进行锐化，下面就来看看具体的操作过程。

依然是用之前的照片，打开照片之后，打开"图像"菜单，选择"模式"→"Lab颜色"命令，如图8-10所示，也就是将当前照片的色彩模式转为 Lab 色彩模式。

此时会弹出一个提示框，提示"模式更改会影响图层的外观。是否在模式更改前拼合图像？"这是因为当前在"图层"面板中会有多个不同的图层，如果不拼合起来的话，它会有影响，因此这里可以选择"拼合"，如图8-11所示。

图 8-10

图 8-11

切换到"通道"面板,可以看到其中有 4 个通道:"Lab"通道也就是彩色通道;"明度"通道对应的是照片的明暗信息,与色彩信息无关;"a"通道对应着两种颜色的明暗;"b"通道对应着另外两种颜色的明暗。这里选中"明度"通道,打开"滤镜"菜单,选择"锐化"命令,选择"USM 锐化"命令,如图 8-12 所示。

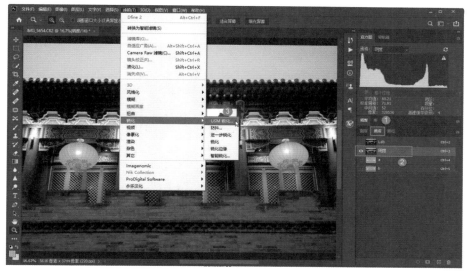

图 8-12

打开"USM 锐化"对话框,在其中对明暗进行锐化,这样就不会对色彩产生影响了。单击"确定"按钮返回,如图 8-13 所示,在"通道"面板中,单击"Lab"通道,如图 8-14 所示,这样照片就会返回彩色状态。

打开"图像"菜单,选择"模式",选择"RGB 颜色",如图 8-15 所示,再将照片的色彩模式转回 RGB 色彩模式,这样就完成了对照片的处理。Lab 色彩模式下的明度锐化是比较高级的,不会破坏画面的色彩,锐化的效果更好一些,当然相对来说比较烦琐。

图 8-13

图 8-14

图 8-15

高反差锐化

接下来介绍另外一种效果非常明显的锐化方式，这种锐化方式对于建筑类题材是非常有效的，能够强化建筑边缘的线条，让画面显得非常有质感。

首先打开照片，按Ctrl+J组合键复制一个图层出来，单击打开"图像"菜单，选择"调整"→"去色"，如图8-16所示，也就是对新复制的图层进行去色处理。

图 8-16

打开"滤镜"菜单，选择"其它"→"高反差保留"，如图8-17所示，这个操作的目的是将照片中的高反差区域保留下来，非高反差区域则排除。

一般来说，景物边缘的线条与其他区域肯定会有较大的差别，这就是高反差区域，这些区域会被保留下来，锐化的也正是这些区域。在"高反差保留"对话框中拖动"半径"的滑块，"半径"是非常重要的一个参数，设定为3.6个像素时边缘的查找效果比较好，单击"确定"按钮，如图8-18所示，这样就将照片中的一些边缘查找出来了。

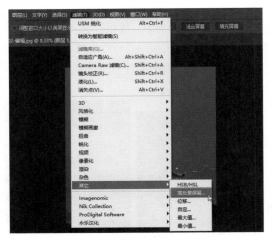

图 8-17

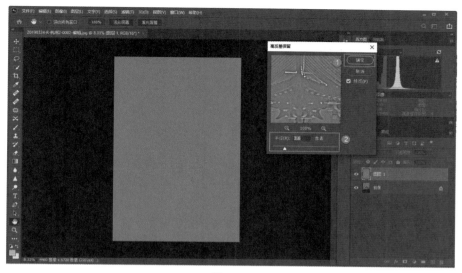

图 8-18

　　此时的照片处于灰度的状态，只显示检测出来的一些线条，并且对这些线条进行了强化，只要将上方灰度图层的混合模式改为"叠加"，如图 8-19 所示，相当于对一些边缘的线条进行提取和强化，就完成了高反差锐化的处理。

　　因为之前对高反差保留设定的半径值比较大，锐化的强度有些大，导致景物边缘出现了轻微的失真，这没有关系，只要适当降低上方"高反差保留"图层的不透明度就可以了，如图 8-20 所示。

图 8-19

图 8-20

局部锐化与降噪

　　所谓的锐化，主要是指对景物的边缘进行强化，让它显得更加清晰，特别是一些主体部分或视觉中心部分，但是对于大片的平面区域来说，是没有必要进行锐化的，因为对平面区域进行锐化不但会破坏画质，还会导致产生噪点。

　　对前景的树木、天空等各区域都进行一定的锐化是没有必要的。因此，按 Alt 键，单击"创建图层蒙版"为上方的高反差保留图层创建一个黑蒙版，它会把当前图层完全遮挡，最终显示的照片是没有进行锐化的，如图 8-21 所示。

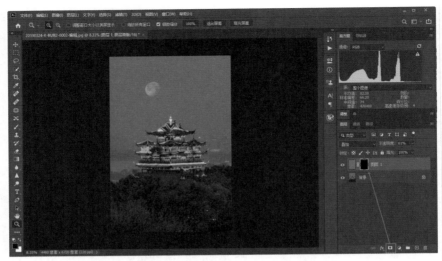

图 8-21

在工具栏中选择"画笔工具"，设定前景色为白色，稍稍降低不透明度到 60% 左右，在建筑部分、月亮部分进行涂抹，显示出这两个部分锐化的效果，但是前景的树木依然保持被遮挡的状态，如图 8-22 所示。最终就显示出想要的清晰区域，显示出它的锐化效果，但是这种涂抹还是比较生硬的，涂抹区域的边缘比较硬朗，结合部分不够自然。

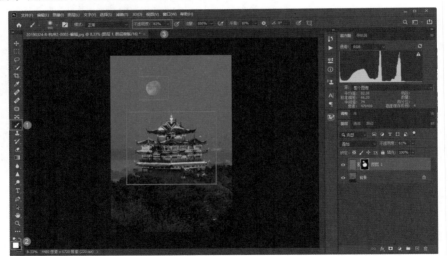

图 8-22

双击图层蒙版，在弹出的蒙版属性调整面板中，提高"羽化"值，如图 8-23 所示，让涂抹区域与未涂抹区域的过渡变得柔和起来，这样就实现了照片的局部锐化。

图 8-23

　　有关降噪也可以这样处理。大多数情况下，拍摄场景中比较明亮的部分是没有太多噪点的，比如受光源照射的部分，不太需要进行降噪，但是背光的暗部提亮之后会产生大量的噪点，这些部分要进行大幅度的降噪，降噪之后就可以通过蒙版限定，只对暗部进行降噪，对亮部则不进行降噪，让画面整体有一个更好的效果，这就是局部锐化与降噪的技巧。

第 9 章

传统打印与数字化输出

本章讲解数码照片打印的一些基本原理、设置技巧，以及数字化输出的相关知识。

9.1　打印机的种类与区别

从办公或是一般应用的角度来说，打印机可分为激光打印机、喷墨打印机、热敏照片打印机、3D 打印机等非常多的种类。其中，喷墨打印机、热敏照片打印机，以及即时打印机等几种比较适合打印照片。

喷墨照片打印机

喷墨照片打印机（Inkjet Photo Printer）使用喷墨技术将墨水喷射到特殊的相纸上，以生成高质量的彩色照片。这种类型的打印机通常具有较高的分辨率和色彩表现力，能够产生逼真的图像效果。喷墨照片打印机适用于个人用户或小型办公环境，可以在家中或工作室中打印照片。

图 9-1 所示为佳能公司生产的一种喷墨照片打印机。

图 9-1

热敏照片打印机

热敏照片打印机（Thermal Photo Printer，如图 9-2 所示）使用热敏转移技术将颜料从色带转移到相纸上。这种类型的打印机通常能够产生持久耐用、防水和防指纹的照片，具有出色的色彩饱和度和细节表现力。热敏照片打印机常用于专业摄影师、摄影工作室或商业照片印刷服务。

热敏照片打印机在打印照片时通常需要使用特殊的热敏相纸。这种相纸包含热敏涂层，当受到热敏照片打印机中热头的加热作用时，会产生颜色变化或显影。

图 9-2

普通的纸张不具备热敏感性，因此无法与热敏照片打印机配合使用来打印照片。热敏相纸通常具有高光泽度和光滑的表面，以便打印出图像效果鲜艳、细腻的照片。此外，热敏相纸还经过特殊处理，以确保耐光性和抗水性，使得打印出的照片能够长时间保存。

如果使用热敏照片打印机打印照片，请确保购买适用于所使用打印机型号的热敏相纸。

即时相机打印机

即时相机打印机（Instant Camera Printer，如图 9-3 所示）结合了数码相机和照片打印机的功能。它可以拍摄照片并立即将其打印出来，类似传统的即时成像相机。这种类型的打印机通常具有便携和简单易用的特点，适合旅行、派对或其他社交场合中即时打印照片。

这些是常见的照片打印机类型。选择何种照片打印机取决于打印质量要求、使用场景和预算等因素。无论选择哪种类型的照片打印机，重要的是根据需求找到具备良好打印质量和适宜使用环境的设备。

图 9-3

9.2　印前文件色彩管理

在打印照片之前，进行适当的色彩管理可以确保打印结果与预期的图像相匹配。

校准显示器

首先，确保计算机显示器经过校准，以准确显示图像的颜色和细节。使用专业的校准显示器或校准软件来调整亮度、对比度、色温和色彩，以使显示器的输出与标准色彩空间接近。图 9-4 所示为明基专业摄影显示器 SW 272Q。

使用合适的色彩空间

在使用图像处理软件时，要为其设置合适的色彩空间，以进行编辑和保存。常见的色彩空间包括 sRGB、Adobe RGB 和 ProPhoto RGB 等。根据打印机和纸张的要求，选择合适的色彩空间，以避免颜色失真或饱和度变化等问题。

图 9-4

合理设置打印软件

使用支持照片打印和色彩管理的打印软件，以确保图像的颜色在从计算机传输到打印机时能够被正确处理，比如说常用的 Photoshop 软件等，如图 9-5 所示。

打印前的校样和测试打印

在进行大量照片打印之前，建议先进行校样和测试打印。选择一些典型的照片，并

打印它们以评估打印结果是否符合期望。如果需要，可以进行细微的调整和修正，直到
满意为止。

图 9-5

9.3　打印流程与操作设定

　　照片的打印流程和操作设定可能会因具体的打印机型号和软件而有所不同，但大的
方向都是相似的。下面以佳能 TS 8280 打印机为例，讲解照片的打印流程与操作设定。
　　准备照片：将要打印的照片保存在计算机或其他存储设备上。在 Photoshop 软件
中打开并编辑照片，确保照片的质量和分辨率适合打印，并进行必要的编辑和调整（如
裁剪、亮度、对比度等）。
　　从图 9-6 中可以看到当前的分辨率为 300 像素 / 英寸，这是能够满足照片高质量
打印要求的。

图 9-6

　　为了便于我们有更直观的印象，也可以将照片能够高质量打印的尺寸设置成以厘米或英寸为单位，分别如图 9-7 和图 9-8 所示。

　　连接并打开打印机：将打印机连接到计算机或移动设备。可以通过 USB 连接、无线网络连接或蓝牙连接等方式完成。确保打印机与设备正确连接并安装好相关的驱动程序或软件。

　　之后，打开"文件"菜单，选择"打印"命令，如图 9-9 所示，进入"Photoshop 打印设置"对话框，如图 9-10 所示。

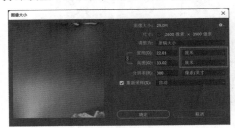

图 9-7

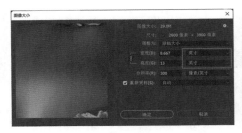

图 9-8

图 9-9

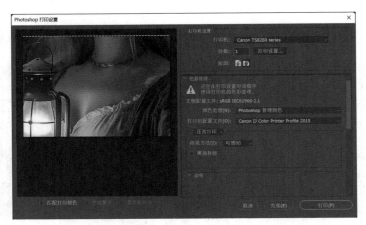

图 9-10

　　单击"打印设置"按钮，在打开的"Canon TS8280 series 属性"对话框中（如图9-11所示），选择"照片打印"，设定打印机纸张尺寸为"10×15cm 4"×6""，即 6 寸照片。因为原照片尺寸为 8.667 英寸 ×13 英寸，远大于 6 寸照片的尺寸，是满足 6 寸照片打印条件的。

之后，根据在打印机放入的相纸选择对应的相纸种类，再根据照片的横竖来选择纵向还是横向。

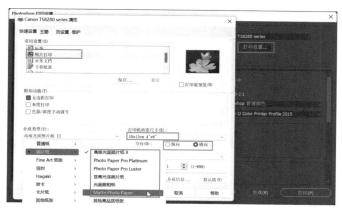

图 9-11

打印设置完成后，此时我们发现有些照片区域已经在打印范围之外，如图 9-12 所示。

图 9-12

在界面下方，勾选"缩放以适合介质"复选项，这样可以追回在打印范围之外的照片区域，如图 9-13 所示。

预览照片： 在打印软件中预览照片的打印效果。确保照片的布局、剪裁和颜色等方面符合预期。

打印照片： 确认所有设置后，单击"打印"按钮开始打印照片。打印过程可能需要一些时间，这取决于照片的大小和打印机的性能等。

完成打印： 等待打印完成，并检查打印结果。确认照片打印出来的质量符合预期。

实际的打印操作会因不同的打印机型号、操作系统和软件而有所不同。建议参考打印机的用户手册或官方文档，以获取更具体的操作说明。

图 9-13

9.4　纸张的表现差异

不同相纸类型会对打印照片的质量和外观产生显著的影响。以下是一些常见的相纸类型及其打印差异。

1.光面相纸（Glossy Photo Paper）

光面相纸具有光滑且反射性强的表面，能够产生鲜艳、高对比度和细节丰富的图像。它适用于打印彩色照片，展示细节和饱和度，并提供光泽感。然而，光面相纸容易受到指纹和光线反射的影响。

2.亚光相纸（Matte Photo Paper）

亚光相纸具有非光泽的表面，可减少光线反射和指纹的问题。它通常提供更柔和的颜色和较低的对比度，适合打印黑白照片或需要艺术效果的图片。亚光相纸适用于展示照片或在框架中悬挂。

3.绢面相纸（Luster Photo Paper）

绢面相纸介于光面相纸和亚光相纸，具有微妙的纹理和适度的光泽。用它打印的照片具有较高的颜色饱和度和对比度，同时能减少反射和指纹问题。绢面相纸广泛用于专业摄影领域，适合展示彩色照片。

9.5　数字化输出

照片的数字化输出是指将传统的印刷照片转换为数字格式存储或显示的过程。具体输出时，可以通过以下方法来实现。

扫描：使用扫描仪将照片放置在扫描台上，并通过光学传感器逐行扫描图像。扫描后的图像以数字格式保存在计算机中，可以对其进行编辑、存储和分享。扫描的质量取决于扫描仪的分辨率和色彩深度等。

数码相机拍摄：使用数码相机直接拍摄照片，如图 9-14 所示。将照片放在合适的背景下，使用数码相机拍摄图像，并将其保存在相机的存储介质中。使用这种方法可以获得高质量的数字图像，但需要注意光线、对焦和相机设置等因素。

手机拍摄：智能手机已经成为主要的照片捕捉设备之一。使用手机的摄像头拍摄照片，然后将其保存在手机的图库中。现代智能手机通常具有高像素和先进的图像处理功能，可以拍摄高质量的照片。

专业服务商：如果需要高质量的数字化输出，可以寻求专业的照片扫描和数字化服

图 9-14

务。这些服务商通常具有高端的扫描设备和专业的图像处理软件，可以确保照片的准确还原和高质量。

图 9-15 所示为使用底片扫描仪输出的胶片照片。

图 9-15

第 10 章

纪实摄影后期技巧

纪实摄影后期是比较简单的，当然这种简单是相对来说的，主要是指纪实摄影后期涉及的技术并不多，主要包括以下几种：降低饱和度、突出故事情节、强化画面质感等。本章将介绍纪实摄影后期的一般思路以及具体的处理过程。

10.1　纪实摄影后期的要点

在介绍具体的后期技术之前，下面先介绍纪实摄影后期的几个要点。

突出故事情节

首先，对于纪实摄影作品，我们应该想尽一切办法突出画面的故事情节，突出故事情节的方式有很多，包括压暗四周景物、突出主体人物等；降低其他景物的饱和度，来突出主体人物；单独提亮以及强化主体人物及故事情节，如图 10-1 所示。

图 10-1

低饱和度

纪实摄影作品往往都有相对较低的饱和度，这是因为要避免场景中一些杂乱的景物颜色干扰主体的表现力，削弱事件的表现力。有时我们甚至会直接将画面处理为黑白画面，这更有助于表现画面冲突，如图 10-2 所示。

图 10-2

后期技术与主题要协调

在软件中对照片进行纪实摄影后期处理时，处理的痕迹一般不要太重，并且不要涉及照片合成的要素，此外还要注意一点，后期技术的手法要与所表现的主题契合起来。比如说，图 10-3 所示为吐鲁番地区招待客人的一个场景，画面采用非常简单的后期进行修饰，保留原有的光影以及色彩，这样就将具有民族特色的人物服饰、场景等都很好地表现了出来，如果采用低饱和度即黑白等手法进行呈现，那么地域特色就无法很好地呈现出来，也就是说，采用的后期技术要与画面的主题相协调起来。

图 10-3

再来看图 10-4 所示的这张照片，采用低饱和度添加杂色的后期技术来强化画面，突出画面的质感，让画面有一种怀旧复古的韵味，从而表现出钢铁工人风雨无阻的奋斗精神。

图 10-4

10.2 纪实照片的一般处理技巧

下面通过一个案例来介绍低饱和度纪实人像的后期处理思路。图 10-5 所示为原始照片，可以看到场景中色彩感很强，土地及水面的色彩过于浓郁，干扰了主体人物的表现，并且整个场景受光线照射，由于反光，画面亮度非常高。

调整之后的画面如图 10-6 所示，可以看到画面整体的明暗更协调，色彩饱和度也变得比较合理，而人物部分的表现力更强。

图 10-5

下面来看具体的处理过程。

首先对照片中比较亮的部分进行压暗。具体操作时，打开"选择"菜单，选择"色彩范围"命令，如图 10-7 所示。

图 10-6　　　　　　　　　　　图 10-7

打开"色彩范围"对话框，在其中设定"选择"为"高光"，通过调整"颜色容差"和"范围"，选取照片中的高光区域，然后单击"确定"按钮，如图 10-8 所示。

图 10-8

回到主界面之后，可以发现照片中的高光区域已经被建立了选区，如图 10-9 所示。

按 Ctrl+J 组合键，提取高光，并将其保存为一个单独的图层，将这个高光图层的混合模式改为正片叠底，可以看到高光区域被压暗，如图 10-10 所示。

图 10-9

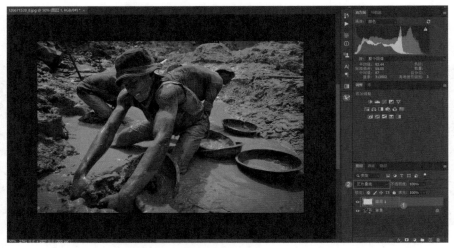

图 10-10

　　此时照片中泥土、泥浆的部分，饱和度比较高，因此单击 Photoshop 主界面右下角的"创建新的填充或调整图层"按钮，在打开的菜单中选择"色相／饱和度"命令，这样可以创建色相／饱和度蒙版图层，并打开色相／饱和度调整面板，如图 10-11 所示。

图 10-11

　　在色相／饱和度调整面板中，单击左上角的抓手图标，即目标调整工具，将鼠标指针移动到色彩比较浓郁的泥浆部分，向左拖动，这样可以直接定位到饱和度比较高的部分，并对其进行饱和度的降低，可以看到所选的泥浆部分的色彩饱和度降低，如图 10-12 所示。

图 10-12

同时降低所选取颜色部分的明度，压暗整个环境，如图 10-13 所示。

图 10-13

此时，比较重要的人物面部亮度偏低，因此创建曲线调整图层，向上拖动曲线，对画面进行提亮，如图 10-14 所示。

我们要提亮的主要是人物的面部，但现在是画面整体提亮，因此按 Ctrl+I 组合键，对蒙版进行反向，蒙版变为黑蒙版后，提亮的效果就被隐藏起来了。这时在工具栏中选择"画笔工具"，前景色设为白色，设定柔性画笔，降低画笔的不透明度和流量，缩小画笔，在人物面部擦拭，还原人物面部的提亮效果，如图 10-15 所示。

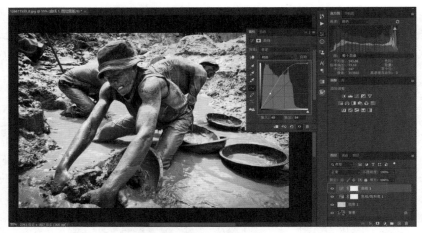

图 10-14

图 10-15

图 10-16

　　背景中还有一些比较明亮的反光点，因此按 Ctrl+Alt+Shift+E 组合键，盖印一个图层，如图 10-16 所示。

　　直接按 Ctrl+Alt+2 组合键，为这些反光点，也就是最亮的部分建立选区，如图 10-17 所示。

图 10-17

　　然后创建曲线调整图层，可以看到，此时要调整的部分主要是这些反光点。向下拖动右上角的锚点，在曲线中间创建一个锚点，向下拖动，这样可以压暗最亮的反光点，最终就将照片中比较杂乱的一些反光点，调整到一个比较合理的程度，如图 10-18 所示。

图 10-18

　　此时照片整体缺乏亮度，显得不够通透，因此再次创建一个曲线调整图层，提亮高光曲线，强化画面的反差，这样照片变得通透起来，此时观察照片，效果已经比较理想了，如图 10-19 所示。

图 10-19

最后，右键单击背景图层的空白处，在弹出的菜单中选择"拼合图像"，如图 10-20 所示，将图层拼合起来，再将照片保存就可以了。

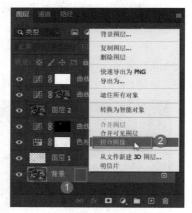

图 10-20

第 11 章

建筑摄影后期技巧

对于一般的建筑类题材，建筑的整体外观、构成、线条、材质、设计理念等都是很好的表现对象，但整体来看，对建筑透视的校正，以及对建筑表面质感的强化，是十分重要的两个环节。

下面我们通过两个案例来学习建筑摄影后期的思路与技巧。

11.1　用透视变形功能校正透视

在拍摄的建筑类题材照片中，有一些是从建筑内部仰拍的。那么仰拍时，拍摄的对象就会产生一种透视的变化，往往出现下面比较宽、上面比较窄的情况，并且有一些不规则的变形。下面介绍怎样修复这种变形，以得到一张横平竖直、比较规整的照片。如图 11-1 所示，在原始照片中可以看到景物发生了非常不规则的透视变化，如果直接将景物选择出来，进行透视的调整，那么效果不会理想。通常情况下，在 Photoshop 中，可以使用"透视变形"这个菜单命令来进行调整。

图 11-1

经过透视变形调整之后，最终得到的照片画面如图 11-2 所示，可以看到画面变得非常规整，横平竖直。

图 11-2

在 Photoshop 中打开原始照片，如图 11-3 所示。

图 11-3

调整之前，先建立几条参考线，帮助我们确定水平方向。在菜单栏中选择"视图"→"新建参考线"命令，此时弹出"新建参考线"对话框，在其中分别建立两条水平的参考线以及两条垂直的参考线。具体建立时，单击选中"水平""垂直"单选项，然后单击"确定"按钮就可以了，如图 11-4 所示。

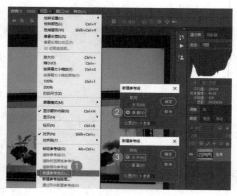

图 11-4

建立参考线之后，将参考线分别移动到照片画面的左侧、右侧以及上下两个方位，放到景物四周，如图 11-5 所示。

图 11-5

在菜单栏中选择"编辑"→"透视变形"命令，如图 11-6 所示。这时进入一个透视变形的单独界面，将鼠标指针移动到照片画面中单击，即可生成一个透视变形的参考区域，如图 11-7 所示。

图 11-6

图 11-7

拖动透视变形区域的 4 个点，将这 4 个点大致放到景物的 4 个角上，如图 11-8 所示。

图 11-8

在 Photoshop 的选项栏中单击"变形"选项，切换到变形界面，如图 11-9 所示。

图 11-9

分别将 4 个点向外拖动。拖动时，要注意拖动的目的是让景物的边线与我们的参考线重合起来。首先拖动左上角的点，如图 11-10 所示。

图 11-10

用同样的方法拖动另外的 3 个点，让景物的边线与我们之前建立的参考线重合起来，这样就做到了边线的横平竖直。调整好之后，单击上方选项栏中的"提交透视变形"按钮，完成透视变形的校正，如图 11-11 所示。

图 11-12

图 11-11

在菜单栏中选择"视图"→"清除参考线"菜单命令，如图 11-12 所示，这样就将我们之前建立的参考线清除了。可以看到调整之后的画面效果是比较理想的，如图 11-13 所示。最后将照片保存就可以了。

通常来说，对于变形的规则对象，使用"透视变形"工具可以得到很好的校正效果。

图 11-13

11.2　建筑照片的综合处理

下面介绍一个比较综合的建筑照片的后期处理案例。

在这个案例中，我们将对照片中建筑的几何畸变进行调整，并且强化建筑的质感。

看原图，我们会发现画面整体的影调层次不够合理，暗部比较黑；建筑部分出现了不规则的几何畸变；天空的色彩过于偏蓝，显得不够协调，如图 11-14 所示。处理时，对建筑部分进行了几何畸变的校正，对天空部分协调了色彩，并且我们还强化了建筑部分的质感，效果如图 11-15 所示。实际上对于一般的建筑照片，我们都可以采用这种思路进行调整。

　　下面看具体的处理过程。首先将拍摄的 RAW 格式文件拖入 Photoshop，它会自动载入 ACR。

　　对于这张照片我们可以首先校正几何畸变。在右侧的面板中单击展开"几何"面板，如图 11−16 所示。

图 11−14

图 11−15

图 11−16

　　类似这种不规则的几何畸变，直接进行自动的水平或竖直校正，都很难将建筑的几何畸变调整好，因此我们直接单击右侧的手动调整。

　　将鼠标指针移动到建筑上应该是水平的一条线上，然后从线条的一端拖动至另外一端，这样我们就建立了一条参考线。建立参考线之后，照片没有变化，如图 11−17 所示。

　　再找到建筑上另外一条存在的（应该是水平的）线条，用同样的方法建立参考线，通过两条参考线，我们可以看到建筑的水平方向发生了较大变化，如图 11−18 所示。此时已经将建筑的水平方向调整到位。

图 11-17

　　再用相同的办法，为照片中的竖直线建立参考线。建立第一条参考线后我们会发现，本侧竖直线被调整到比较准确的程度，如图 11-19 所示。再用同样的方法为建筑另外一侧的竖直线建立参考线，如图 11-20 所示。可以看到经过4 条参考线的调整，建筑就被校正得比较规整了。

图 11-18

图 11-19

图 11-20

如果感觉校正的效果还不够准确，那么我们可以拖动参考线，改变参考线的位置，还可以将鼠标指针移动到建立参考线时所选择的点上，改变参考线的倾斜程度，从而让校正的程度更加准确，如图 11-21 所示。

图 11-21

建筑几何畸变校正到位之后，在工具栏中选择"裁剪工具"，裁掉照片四周不够紧凑的部分，在保留区域内双击，完成照片的二次构图，如图 11-22 所示。

图 11-22

　　回到"基本"面板，在其中对照片的影调层次进行调整，主要包括提高"曝光"和
"对比度"值、降低"高光"值、提高"阴影"值、降低"白色"值，缩小画面的反差，
追回暗部的细节，如图 11-23 所示。

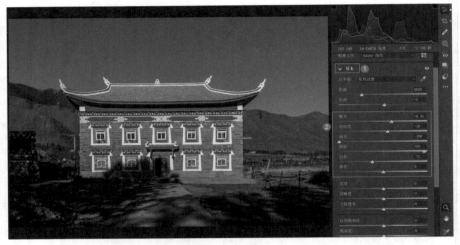

图 11-23

　　在照片显示区右下角单击"在原图效果图之间切换"按钮，对比原图和效果图，可
以看到调整之后画面发生了较大变化，如图 11-24 所示。

　　单击右下角第三个按钮，也就是"将当前设置复制到原图"按钮，如图 11-25 所示，
将当前的效果复制到原图位置，可以看到此时的原图与效果图完全一样。之所以这样操
作，是为了观察对建筑质感的强化效果。

图 11-24

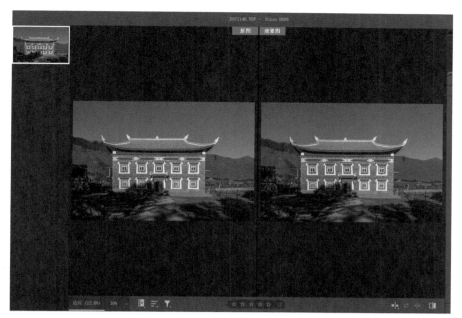

图 11-25

　　在右侧"基本"面板的下方，提高"去除薄雾"的值，可以看到画面色彩发生了变化，清晰度变高，如图 11-26 所示。去除薄雾调整主要是平面级的调整，可以强化天空、背景、建筑等不同平面间的差别，对于质感的强化反而不是那么明显。

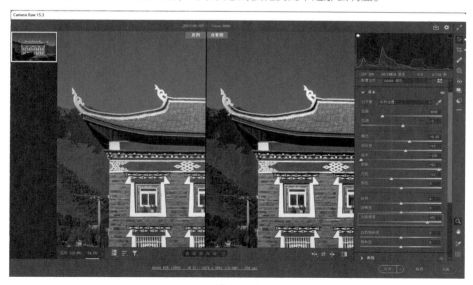

图 11-26

　　将"去除薄雾"的值归 0，再大幅度提高"清晰度"的值，可以看到画面色彩没有发生明显变化，但是建筑的轮廓更加清晰，如图 11-27 所示。清晰度的调整，可对景物轮廓进行强化，所以说，清晰度的调整是轮廓级的调整。

提高"纹理"的值，会发现一些细节变得更清晰，如图 11-28 所示。从调整效果来看，纹理的调整是像素级的清晰度的强化。

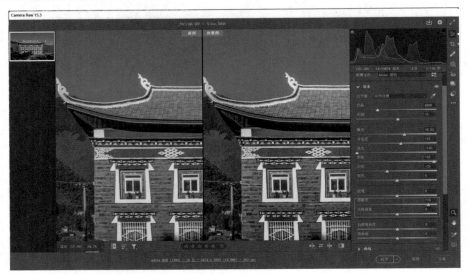

图 11-27

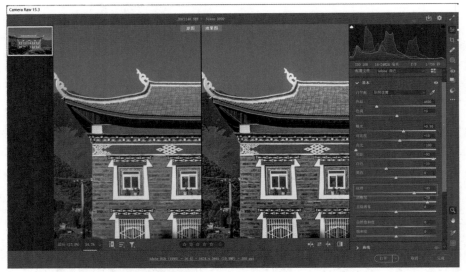

图 11-28

对于本图来说，主要提高的是"纹理"与"清晰度"的值，通过提高这两个值就可以提升建筑部分的清晰度，从而让建筑的质感得到强化。

强化建筑的质感之后，再解决照片中天空色彩过重的问题。

切换到"混色器"面板，如图 11−29 所示。在其中选择"明亮度"选项卡，降低蓝色的明亮度，避免天空部分过亮；之后切换到"饱和度"选项卡，降低绿色草地的饱和度，降低蓝色天空的饱和度，这样可以让天空与草地部分色感变弱，而建筑部分不发生变化，如图 11−30 所示，照片的调整就基本完成。

图 11−29

图 11−30

之前对建筑质感进行强化时，实际上调整的是全图的质感，即整个背景的山体部分以及近景的地面部分的清晰度都得到了提升。

　　如果只想提升建筑部分的清晰度，还可以借助蒙版功能来实现。具体操作时，回到"基本"面板，将"纹理"和"清晰度"的值先恢复到 0，也就是说，取消纹理和清晰度的调整，如图 11-31 所示。

图 11-31

　　在右侧工具栏中单击选择蒙版，然后选择"画笔工具"，在画笔参数中提高纹理与清晰度的值，然后将画笔移动到建筑上进行涂抹，用画笔进行局部的调整，这样就只强化了建筑部分的清晰度和纹理，从而只强化这部分的质感，确保山体部分以及近处的地面部分不发生清晰度的变化，这是比较合理的建筑质感强化方法，如图 11-32 所示。

图 11-32

在主界面右上角单击存储按钮，打开"存储选项"界面，在其中设置照片的保存位置、输出照片的文件格式、色彩空间，并调整输出照片的尺寸，最后单击"存储"按钮，如图 11-33 所示，将调整之后的照片保存就可以了。

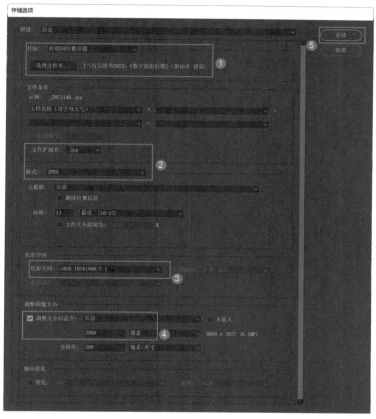

图 11-33

第 12 章

人像写真后期技巧

下面介绍人像写真后期调色的技巧。

如果你想学习非常专业的商业人像后期处理，可以以本案例为基础，再进行后续的深度学习。本案例所介绍的双曲线磨皮，其实也是商业摄影中最为常用的磨皮方式之一。

下面来看具体案例。看这张照片，原照片的主色调是青黄色调，但人物部分比较暗，画面中杂色比较多，比如花朵的色彩、建筑的色彩等，如图 12-1 所示。那么经过后期协调，我们可以看到人物得到美化，一些干扰的杂色也被渲染上环境色，画面整体影调与色调都比较合理，如图 12-2 所示。

图 12-1

图 12-2

下面来看具体的调整过程。首先将 RAW 格式文件拖入 Photoshop，在 ACR 中打开，此时可以看到打开的原文件，如图 12-3 所示。

图 12-3

切换到"光学"面板，勾选"删除色差"和"使用配置文件校正"，放大照片，对比调整前后的效果可以看到，删除色差之后，人物边缘的一些彩边被很好地修掉了，如图 12-4 所示。

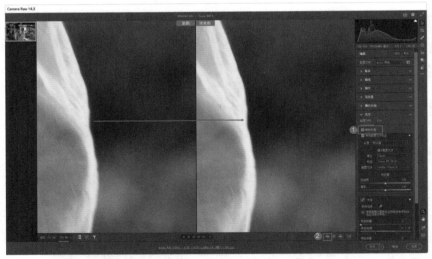

图 12-4

回到"基本"面板，在其中对照片的影调层次进行基本的调整，主要包括降低"高光"值追回亮部的细节；稍稍提高"曝光"值让画面更明亮一些；提高"阴影"值追回暗部的层次和细节；微调"白色""黑色"等参数；之后提高"清晰度""对比度"和"纹理"的值加强画面的质感，因为后续很多的调整都要让画面变得更加柔和，所以在之前要稍稍增大"清晰度"和"纹理"，避免后续照片变得过度柔和而不清晰，如图 12-5 所示。

图 12-5

照片初步调整完成之后，接下来我们观察
照片发现人物部分亮度很低。在工具栏中选择
蒙版工具，在面板中单击"选择主体"，如图
12-6 所示，这样可以将人物部分很好地选择
出来。对于主体人物部分要进行提亮，因此提
高"曝光"值，稍稍提高"阴影"的值，为了
避免暗部发灰，稍稍降低"黑色"的值，这样
可以看到人物整体是变亮的，如图 12-7 所示。

图 12-6

图 12-7

人物的衣服部分亮度太高，所以在上方的面板中单击"减去"按钮，如图12-8所示，在打开的菜单中选择"画笔"，然后在人物的衣服的下半部分进行涂抹，将这些部分的提亮效果减去，如图12-9所示。

调整完成之后单击"打开"按钮，将照片在 Photoshop 中打开，准备进行皮肤的精修。放大照片可以看到人物面部有

图 12-8

很多的污点和瑕疵。对于这种瑕疵的修复，要按 Ctrl+J 组合键复制一个图层出来，如图 12-10 所示。

图 12-9

图 12-10

　　使用污点修复画笔工具等去掉人物面部的一些污点和瑕疵。此时可以对比去污点之前（如图 12-11 所示）和之后（如图 12-12 所示）的画面效果，去污点后人物面部变得明显干净很多。

图 12-11　　　　　　　　　　　　　图 12-12

　　修掉比较大、比较明显的瑕疵之后，准备对人物皮肤进行磨皮处理。

　　所谓的磨皮，实际上就是明暗影调重塑的过程。比如说人物面部有一个疙瘩，那么疙瘩的受光面亮度肯定会非常高，背光面亮度非常低，借助提亮或是压暗曲线将疙瘩的受光面压暗，将疙瘩的背光面提亮，那么这个疙瘩会被弱化掉，几乎不可见，这就是磨皮的原理。

　　为了便于观察人物皮肤表面的明暗状态，我们可以先将色彩消掉。创建一个黑白调整图层将照片变为黑白状态，如图 12-13 所示。当然，这个黑白调整图层只是一个观察层，便于我们观察，我们只要把它隐藏，就不会影响修片效果。

图 12-13

　　变为黑白之后，当前的人物皮肤的明暗结构清楚了很多，但还不够明显，因此我们再创建一个曲线调整图层，创建 S 形曲线，让人物面部的皮肤明暗关系更清晰，如图

12-14 所示，这个曲线调整图层也是一个观察层。

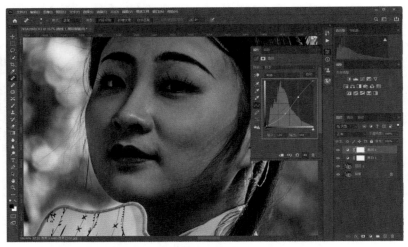

图 12-14

接下来我们对照片进行双曲线磨皮。所谓双曲线磨皮是指把人物皮肤过亮的位置利用压暗曲线压暗，把人物皮肤过暗的位置利用提亮曲线提亮，这样人物皮肤就会更加的平滑、细腻。

创建一条提亮曲线，然后按 Ctrl+I 组合键进行反向，将提亮效果隐藏起来，如图 12-15 所示；再创建一条压暗曲线，同样对其进行反向，将压暗效果隐藏起来，如图 12-16 所示。

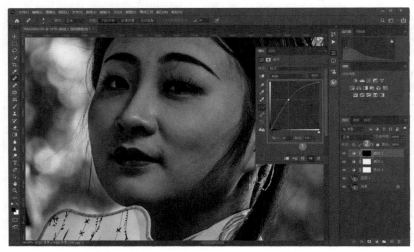

图 12-15

对这两个双曲线调整图层进行重命名，一条命名为"提亮"，一条命名为"压暗"，便于我们快速找到对应的曲线，如图 12-17 所示。

图 12-16

单击选中提亮调整图层的蒙版，然后在工具栏中选择"画笔工具"，前景色设为白色，将画笔不透明度设定为12%，流量设定为20%，缩小画笔，在人物面部比较暗的位置进行涂抹，把这些位置提亮，如图 12-18 所示。

图 12-17

图 12-18

提亮完成之后，先隐藏提亮曲线（如图 12-19 所示），然后显示提亮曲线（如图 12-20 所示），对比提亮前后的画面效果，可以看到人物面部的一些暗处被提亮了。

图 12-19

图 12-20

单击选中压暗调整图层的蒙版，在工具栏中选择"画笔工具"，画笔保持之前的设定，然后对比较亮的位置进行涂抹，还原这些位置的压暗效果，如图 12-21 所示。

对画面中人物面部进行双曲线磨皮时，如果发现一些比较明显的、无法利用双曲线修掉的瑕疵，可以再次单击下方的像素图层，也就是修掉瑕疵的这个图层，选择污点修复画笔工具将瑕疵去掉，如图 12-22 所示。之后再次单击选中压暗调整图层的蒙版，用画笔进行擦拭。

图 12-21

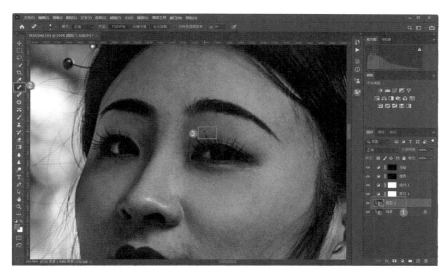

图 12-22

完成双曲线磨皮之后，我们可以对比一下调整之前（如图 12-23 所示）和调整之后（如图 12-24 所示）的画面效果。可以看到调整之前面部有一些结构性的问题，明暗凹凸不平，调整之后人物的肤质依然不够完美，但是不再存在结构性问题，明暗更加均匀。

至于人物肤质依然不够完美的问题，我们后续会使用第三方滤镜进行快速磨皮，补充和优化之前双曲线磨皮的效果，最终一步到位解决问题。至此，磨皮的第一个环节结束。

图 12-23   图 12-24

　　接下来对照片中一些比较明显的问题进行调整。

　　隐藏曲线和黑白这两个观察图层，将照片变回彩色状态。

　　接下来，强化人物的眼神光，单击选中提亮调整图层的蒙版，选择"画笔工具"，适当提高不透明度和流量，在人物眼睛中进行涂抹，让人物的眼神光更明显一些，如图 12-25 所示。

图 12-25

　　人物周边的环境部分灰蒙蒙的，色彩也不够纯净，同样需要进行调色。调整环境时我们可以先在"图层"面板中单击选中某一个像素图层，然后单击打开"选择"菜单，选择"主体"，将人物选择出来，如图 12-26 所示。

　　然后进行反选，选中环境，如图 12-27 所示。

　　可以通过菜单实现反选，也可以直接按 Ctrl+Shift+I 组合键进行反选。这样就选中了人物之外的环境。

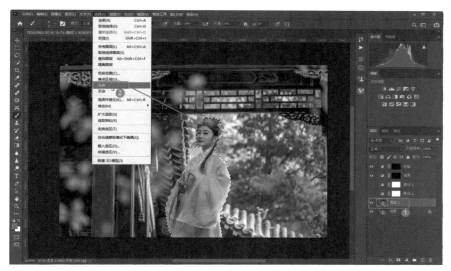

图 12-26

图 12-27

　　创建可选颜色调整图层，设定"中性色"，然后稍稍提高"青色"的比例，让背景中间发灰的区域渲染上青绿主色调的色彩；对于人物头发不够黑的问题，我们可以稍稍提高"黑色"的比例，让人物的头发等位置变得更黑，如图 12-28 所示。

图 12-28

切换到"黄色"，提高"青色"的比例，让环境中的植物部分色彩更协调。为了避免整个环境过于偏绿，可以稍稍提高"洋红"的比例，相当于降低绿色的比例，如图12-29 所示。

对于黄色部分，同样稍稍提高"黑色"的比例，让色调更沉稳。经过这样的调整，我们会发现整个环境部分更协调、更干净了。

图 12-29

接下来解决照片中杂色的问题。比如说走廊上蓝色比较重，青色的饱和度也比较高，因此可以右键单击可选颜色这个调整图层的蒙版，在打开的菜单中选择"添加蒙版到选区"，也就是将蒙版转为选区（当然也可以直接按 Ctrl 键并单击这个蒙版图标，同样可以将蒙版载入选区），如图 12-30 所示。

图 12-30

　　之后创建色相 / 饱和度调整图层，选择"蓝色"，降低蓝色的"饱和度"，并且将蓝色的"色相"的滑块向左拖动一些，让蓝色趋向于青色。可以看到走廊中蓝色过重的部分得到调整，并且与周边其他的色彩变得协调起来，如图 12-31 所示。

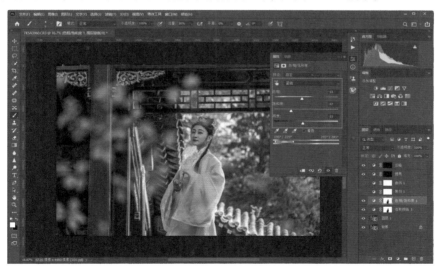

图 12-31

　　对于画面中黄色与青色不够协调的问题，我们可以选择"黄色"，稍稍降低黄色的"饱和度"，降低黄色的"明度"，让这些区域的色彩与周边的色彩更相近，让整个环境更干净，如图 12-32 所示。

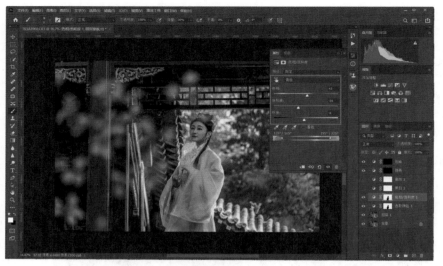

图 12-32

　　选择全图，降低全图的饱和度，让环境的色感变弱，避免干扰人物的表现；稍稍降低全图的明度，继续弱化环境的效果，如图 12-33 所示。

　　这样，我们就得到了色调干净、统一的效果。

图 12-33

　　对于背景中亮度比较高的位置，我们可以创建一个曲线调整图层进行压暗，然后按 Ctrl+I 组合键进行反向，如图 12-34 所示。

　　用画笔工具在这些过亮的位置上进行涂抹压暗，让背景更干净，如图 12-35 所示。

图 12-34

图 12-35

　　此时画面整体有点沉闷，创建一个曲线调整图层，稍稍向上拖动曲线让画面更加明亮，如图 12-36 所示。这样我们对照片影调以及色彩的调整基本上就完成了。

　　可以看到整个调整过程，主要就是人物部分影调的协调，然后对人物进行磨皮，之后就是整个环境影调以及色彩的调整。

图 12-36

在实际的调整过程中，每个人的调整思路和操作习惯不同，审美也有差别，所以说具体的调整可能千差万别，但只要记住大的思路是对人物进行磨皮精修，对环境影调与色彩进行协调，让人物更漂亮，让环境干净、协调就可以了。

单击最上方的这个曲线调整图层，如图 12-37 所示，然后盖印图层，如图 12-38 所示，准备对照片进行第三方的磨皮以及液化等处理。

单击打开"滤镜"菜单，选择"液化"，如图 12-39 所示。

图 12-37　　　　　图 12-38　　　　　图 12-39

进入液化界面，在其中对人物五官进行液化和重塑，包括对眼睛大小、眼睛距离、鼻子宽度、前额、下颌、脸部宽度等全部进行调整，如图 12-40 所示。

调整完毕之后，对于人物面部有一些线条依然不够理想的问题，单击选择左上角的前推工具，调整合适的画笔大小，对这些位置进行涂抹，如图 12-41 所示。

图 12-40

　　另外，对于头发上的一些首饰，可以稍稍向外拖动一些，让这些区域的线条显得更加流畅和饱满；对于人物面部，可以稍稍向内收缩；对于肩部，同样稍稍向内收缩，让肩部线条更流畅；调整完成之后单击"确定"按钮，这样我们就完成了对人物面部五官以及肢体的一些重塑，可以看到人物整体变得更秀气。

图 12-41

　　再次按 Ctrl+J 组合键复制一个图层出来，如图 12-42 所示，准备对人物进行第三方的磨皮。之前的磨皮只是一个结构性的调整，解决了人物面部凹凸不平的问题。

　　单击打开"滤镜"菜单，选择"Imagenomic"中的Portraiture这个第三方磨皮滤镜，如图12-43所示。

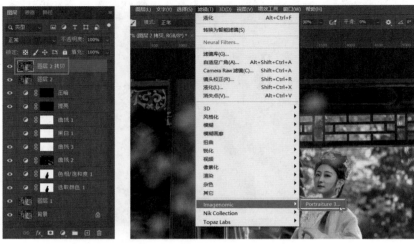

图 12-42　　　　　　　　　　　　　　图 12-43

　　进入 Portraiture 滤镜界面之后，各种参数保持默认，直接单击确定按钮，如图12-44所示，完成磨皮，回到 Photoshop 主界面。

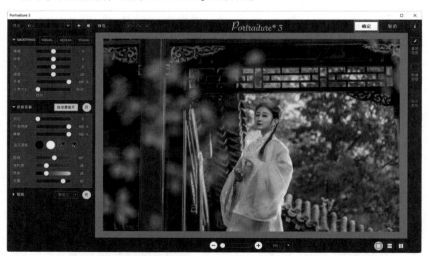

图 12-44

　　当前的磨皮针对的是全图，而我们想要磨皮的只是人物的皮肤部分。放大照片，可以看到人物的皮肤部分效果变得非常理想，如图12-45所示，因为我们优化了结构，再进行细微的磨皮，人物肤色就会白皙，肤质就会光滑。

　　如果没有之前的双曲线磨皮优化结构，直接使用插件磨皮，虽然皮肤看起来比较光滑，但是面部依然存在凹凸不平的结构性问题。

按住 Alt 键，单击创建图层蒙版，为上方的磨皮图层创建一个黑蒙版，将磨皮效果遮挡起来，如图 12-46 所示。

图 12-45　　　　　　　　　　　　　　　　　图 12-46

在工具栏中选择"画笔工具"，前景色设为白色，不透明度和流量都设为 100%，将人物面部皮肤部分擦拭出来，也就是擦拭出这些区域的磨皮效果，将手部的磨皮效果也擦拭出来。

如果要观察擦拭的区域，只要按 Alt+Shift 组合键单击蒙版图标，就可以显示出擦拭的区域。红色区域就是未擦拭的区域，如图 12-47 所示。

图 12-47

盖印一个图层，如图 12-48 所示。

利用污点修复画笔工具去掉背景中墙上的花枝，因为它有一些分散我们的注意力，至此这张照片处理完成，如图 12-49 所示。

图 12-48   图 12-49

可以看到实际上人像写真的后期与其他题材照片的后期处理思路并没有本质不同，都要重塑光影，调整色彩，优化细节；但是人像写真对于人物皮肤、五官的要求非常高，需要进行单独的精修；此外人像写真的后期调整要求比较高，是一种非常准确、精致的后期；自然风光等题材照片的后期，虽然对审美和创意要求也比较高，但是整个的处理过程是粗线条的，反而没有要求那么精致。

第 13 章

风光摄影后期技巧

本章通过一张风光照片的后期处理过程，来分析风光摄影后期处理的思路与技巧。
本章的案例照片有一定代表性，大多数情况下我们拍摄自然风光，往往要等到黄金
时间进行拍摄，并且很多场景的通透度有所欠缺。

图 13-1 所示这张照片，因为现场有云雾，可以看到通透度是有所欠缺的；并且现场的明暗反差比较大，后续要进行高光压暗和阴影提亮，从而追回细节。经过后期处理，我们就得到了一副细节完整、色彩纯净、影调丰富的风光摄影作品，如图 13-2 所示。

图 13-1

图 13-2

下面看具体的调色和完整的修片过程。首先将拍摄的 RAW 格式文件拖入 Photoshop，它会自动载入 ACR，在 ACR 中可以看到打开的原始文件，如图 13-3 所示。

对于这种采用逆光，并且是广角镜头拍摄的大场景照片，一般来说要先进行镜头校正，修复照片四周的暗角以及明暗高反差边缘的彩边。切换到光学面板，勾选"删除色差"和"使用配置文件校正"这两个复选项，如图 13-4 所示，对于本照片来说，没有必要校正扭曲度和晕影，因为此时画面四周与中间的明暗差距不是太大，效果还是比较理想的。对于这种自然风光类题材，几何畸变的影响不是特别明显，所以没有必要调整。

图 13-3

图 13-4

　　镜头调整完成之后，回到"基本"面板，直接单击"自动"按钮，如图 13-5 所示，这样会由软件自动对画面进行影调层次的优化。一般来说，软件会压暗高光，提亮阴影，从而追回高光和阴影的层次细节，此时可以看到画面效果好了很多，但依然不够好。

　　我们手动调整影调以及"清晰度"等参数：进一步提高"对比度"的值，从而丰富画面的影调层次；降低"高光"值，继续追回高光的层次和细节；提高"阴影"值，追回阴影的层次和细节；稍稍提高"清晰度"的值，让画面更具质感，如图 13-6 所示。

图 13-5

图 13-6

　　影调初步调整完成之后，接下来进行色彩基调的确定。对于这张照片来说，其实有两种处理方案，一种是降低"色温"值，打造一种冷暖对比的画面效果，如图 13-7 所示。

　　还有一种方案是提高"色温"值，打造一种暖色调的同类色系照片。最终，我选择将照片打造为一种单色系的效果。直接提高"色温"值与"色调"值，将照片变为一种暖色调的效果，如图 13-8 所示。

　　确定照片基调之后，接下来准备对画面局部的一些影调进行微调。这张照片中，天空太阳光源的上方亮度非常高，是有问题的，因此单击选择蒙版按钮，在弹出的菜单中

图 13-7

图 13-8

选择"线性渐变",如图 13-9 所示,由天空上方向下拖动制作渐变,如图 13-10 所示,降低"曝光"值,稍稍降低"黑色"的值,让压暗的影调效果更自然一些。

由于压暗之后的画面色感比较弱,因此我们还要稍稍降低"色温"值,提高"色调"的值,让天空上半部分色彩显得更真实、自然。

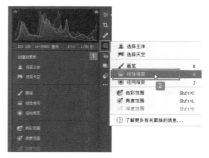

图 13-9

图 13-10

接下来对照片的整体进行调色，之前我们已经有过介绍，在 ACR 中对照片调色，主要的工具是混色器，单击展开"混色器"面板，切换到"色相"选项卡，在其中向左拖动"黄色"的滑块，让黄绿色向黄色方向偏移，原本有些偏黄绿色的高光位置色彩就会变得与周边更协调统一，如图 13-11 所示。

对于自然风光照片来说，往往要将"紫色"的滑块向左拖动，让紫色向蓝色方向偏移，这样画面整体会更纯净和通透，显得更干净。

这样，我们在 ACR 中的影调优化及调色初步完成，单击"打开"按钮，将照片在 Photoshop 中打开。

图 13-11

此时分析照片，我们根据光线投射的规律，可以确定这样一种思路：太阳直接照射的中间部分亮度应该是非常高的；两侧实际上是有一些背光的，但当前两侧云海部分亮度依然比较高，因此要稍稍降低亮度，如图 13-12 所示。

图 13-12

在"图层"面板底部单击"创建新的填充或调整图层"按钮，在打开的菜单中选择"曲线"，创建曲线调整图层并打开曲线调整面板，将曲线右上角的锚点向下拖动压暗高光，在曲线中间单击创建锚点并将其向下拖动，可以让压暗后的照片影调稍稍自然，如图 13-13 所示。

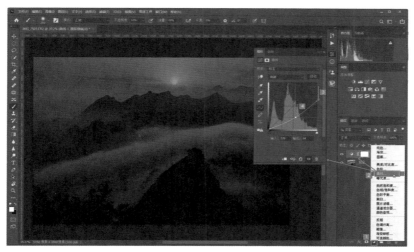

图 13-13

而我们要压暗的只是画面两侧的云海，因此按 Ctrl+I 组合键对蒙版进行反向，隐藏压暗效果，在工具栏中选择"画笔工具"，设定前景色为白色，设定柔性画笔，降低不透明度到 12% 左右，降低流量到 20% 左右，缩小画笔，在要压暗的位置拖动涂抹，就还原出之前我们压暗的效果，如图 13-14 所示。

图 13-14

　　把两侧的云海压暗之后，还要提亮中间受太阳光直射的云海，因此创建曲线调整图层，向上拖动曲线进行提亮，如图 13-15 所示，中间受光线照射的部分应该是暖色调的，因为此时的太阳光线色调比较暖，所以我们向上拖动红色曲线相当于增加红色，向下拖动蓝色曲线相当于增加黄色，那么在提亮的同时还为画面渲染了橙色的色调，可以看到此时的画面效果整体变亮、色调变橙色。

图 13-15

　　我们想要的只是中间受太阳直射的部分得到提亮、色调变橙色的效果，因此按Ctrl+I 组合键对蒙版进行反向，再次使用白色画笔对在云海中间受太阳光直射的部分进行涂抹，还原这部分的提亮效果，如图 13-16 所示，这样就根据太阳照射的自然规律对画面的光影进行了重塑。

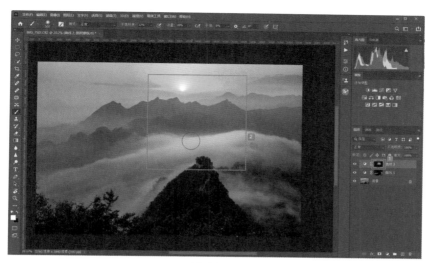

图 13-16

实际上对于本照片来说，还有一个问题，长城是要表现的主体，因此我们要对长城进行一定的强化。当前，远景的长城淹没在炫光中，如图 13-17 所示，比较暗，因此我们需要对其进行提亮；近景的长城塔楼，应该注意两个面的问题，正对着相机的一面是完全的背光面，亮度不宜高，左侧面实际上会受一定的光线影响，亮度应该高一点，这样有助于让近处比较大的这个长城塔楼呈现出更好的立体效果。

图 13-17

创建曲线调整图层，向上拖动曲线，如图 13-18 所示，然后在暗部向下拖动恢复一些，这样画面反差会更明显。

但我们要强化的只是长城部分，因此按 Ctrl+I 组合键将整个的调整效果隐藏起来，然后在工具栏中选择"画笔工具"，将不透明度和流量都调到50%左右，缩小画笔，在远处的长城上进行涂抹，还原出远处长城的亮度，如图13-19所示。

图 13-18

图 13-19

如果涂抹不够精确导致长城之外的区域变亮，那这时可以在工具栏中将前景色改为黑色（在英文输入法状态下直接按X键，或单击背景色右上角的双向箭头就可以交换前景色和背景色），然后在过多涂抹的位置上进行涂抹，遮挡住这些位置就可以了，如图13-20所示。

图 13-20

再将前景色设为白色，稍稍放大画笔，在近处的塔楼左侧面进行涂抹，还原提亮效果，即将这个塔楼的侧面稍稍提亮，如图 13-21 所示。

图 13-21

如果感觉当前的调整效果不够明显，还可以在"图层"面板中双击曲线调整图标，展开曲线调整面板，将曲线上的锚点再次向上拖动，将提亮的效果变得更明显，如图 13-22 所示。

观察照片，发现画面中左上角天边的一片云雾亮度非常高，比较干扰视线，因此创建曲线调整图层，向下拖动曲线进行压暗。对于色感比较弱的问题，可以稍稍向上拖动红色曲线，向下拖动蓝色曲线，如图 13-23 所示，为这个区域渲染一点偏橙的色调。

图 13-22

图 13-23

　　当前的调色效果针对的是全画面，而我们想要调整的只是画面左上角的部分，因此按 Ctrl+I 组合键对蒙版进行反向，隐藏调整效果，然后在工具栏中选择画笔工具，将前景色设为白色，将不透明度调为 12%、流量调为 20%，即我们之前设定过的参数，缩小画笔，在左侧想要压暗的位置进行涂抹，这样我们就完成了对这张照片影调的重塑，如图 13-24 所示。

　　回顾之前的过程，我们压暗了两侧的云海，提亮了中间的云海。这样，大的影调得以重塑，画面的光影更有规律，画面就会显得更干净，更高级。对于照片中作为主体的长城单独进行了强化，对于四周一些亮度比较高的位置也单独进行了压暗处理，此时画面效果虽然没有达到最优，但已经好了很多，是比较耐看的。

图 13-24

为了确保画面有更好的通透性，创建一条 S 形曲线，可以看到画面更加通透，如图 13-25 所示。

至此，照片已经基本处理完成。

图 13-25

为了追求更完美的效果，可以按 Ctrl+Alt+Shift+E 组合键，盖印一个图层出来，如图 13-26 所示，将之前所有的影调以及色彩调整效果压缩起来，折叠为一个像素图层。

按 Ctrl+Shift+A 组合键进入 Camera Raw 滤镜，切换到"色相"选项卡，在其中再次稍稍向左拖动"黄色""红色""橙色"和"黄色"的滑块，让画面整体的色调更偏橙，如图 13-27 所示。

图 13-26

图 13-27

对于照片中间亮度依然有所欠缺的问题，可以再次创建一个径向渐变，在中间位置拖动出椭圆形的效果，模仿光照的区域，然后提高"曝光"值、"阴影"值，稍稍降低"黑色"值，让影调层次更理想；提高"色温"值、"色调"值，让太阳光照的效果既明亮又有色彩，如图 13-28 所示。

图 13-28

这样我们就完成了这张照片所有的影调与色彩处理。

之后，在 Camera Raw 滤镜中单击展开细节面板，适当提高"锐化"值，对全图进行锐化，提高"减少杂色"值，如图 13-29 所示，对画面进行一定的降噪，一般来说"减少杂色"的值不宜超过 30，"锐化"的值也不宜太大，否则会出现画面失真的问题。

之前已经讲过，照片大片的平面区域是没有必要进行锐化的，只要锐化画面中一些景物的边缘，就会让画面整体显得非常清晰。可以通过蒙版来进行锐化区域限定，提高

"蒙版"的值即可。如果要观察限定的区域，可以按住 Alt 键，拖动"蒙版"滑块，可以看到限定的只是山体边的一些线条、树木的边缘等，对于大片的天空、云雾等则不进行锐化，调整完毕之后单击"确定"按钮返回 Photoshop，如图 13-30 所示，这样我们就完成了这张照片的后续处理。

图 13-29

图 13-30

实际上，在本例中，我们应用了曲线调色功能的使用方法，应用了黑、白蒙版的使用方法，还验证了之前讲过的一个知识点：在盖印图层之前，一定要将照片整体的影调以及色彩都调整到位，尽量晚盖印图层。这样，如果后续发现图片有问题，只要删掉盖印的图层就随时可以对之前的调整内容进行修改；如果盖印图层过早，后续进行了大量调整，一旦要进行修改，删掉盖印的图层，那么盖印图层之后进行的大量调整都会丢失，这样盖印图层的意义就无法体现。

可以看到，在 Photoshop 中打开背景图层之后，之前连续 5 个调整图层均是对照片的明暗以及色彩进行调整的，要进行最终的协调以及细节优化时才盖印图层，最终盖印的图层是最上方的图层，即便删掉，也不会导致太大的损失，因为之前的影调与色彩都已经完全确定好了。

如果不输出照片进行网上分享，可以直接按 Ctrl+S 组合键将整个的处理过程保存为 PSD 格式就可以了。PSD 格式文件不便于网上的分享和浏览，兼容性比较差，但这种格式保留了我们处理的所有过程。

如果要将照片上传到网络或是手机，需要将照片存储为 JPEG 格式，这时在某个图层的空白处右键单击，在弹出的菜单中选择"拼合图像"，如图 13-31 所示，可以将所有图层拼合起来。

单击"编辑"菜单，选择"转换为配置文件"命令，在打开的"转换为配置文件"对话框中将配置文件设定为 sRGB，然后单击"确定"按钮，如图 13-32 所示。

图 13-31

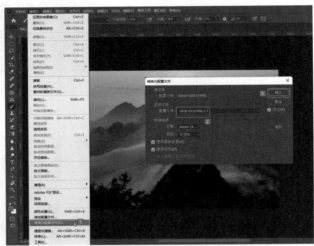

图 13-32

再借助"存储为"命令将照片保存为 JPEG 格式就可以了，如图 13-33 所示。

这里要注意，之所以将配置文件设为 sRGB，是为了确保我们处理后的照片在计算机、手机以及平板等其他设备上都有一致的色彩。如果保存为另外一种常用的 Adobe RGB，那么有可能在计算机上是一种色彩，在手机上又是另外一种色彩，出现不一致的情况。

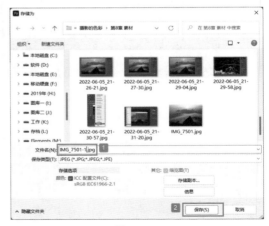

图 13-33